Lehrmittel für gewerbliche Berufsschulen

Herausgegeben von

Professor **Horstmann**
Ministerialrat in Berlin

Professor **Hecker**
Oberregierungs- u. Gewerbeschulrat in Kassel

Oberschulrätin **Fuhr**
in Berlin

Heft 2

Fachkunde für Maschinenbauerklassen
an gewerblichen Berufsschulen

I. Teil: Rohstoffkunde

von

K. Uhrmann und **F. Schuth**
Gewerbeschulrat der Stadt
Köln

Direktor d. Fach- u. Berufsschule
für Industrie, Düsseldorf

Fünfte Auflage

Mit 116 Abbildungen im Text und
4 Tafeln mit Beispielen als Anhang

Springer Fachmedien Wiesbaden GmbH 1925

ISBN 978-3-663-15432-7   ISBN 978-3-663-16003-8 (eBook)
DOI 10.1007/978-3-663-16003-8

I. Teil: Rohstoffkunde.

Vorwort zur 1. bis 5. Auflage.

Für den Unterricht in der Berufsschule ist die Zeit sehr knapp bemessen. Auf die für den Maschinenbauerlehrling so wichtige Fachkunde können wöchentlich höchstens $1—1\frac{1}{2}$ Stunden verwandt werden, wenn nicht die andern Unterrichtsfächer darunter leiden sollen. Erfahrungsgemäß sind die Unterrichtsergebnisse nicht von Dauer, wenn sie nicht schriftlich festgelegt sind und für die Wiederholung vorliegen.

Infolgedessen sieht sich der Lehrer gezwungen, die Lehrstoffe am Schluß des Unterrichts niederschreiben oder ausarbeitenzu lassen. Dabei geht viel Zeit verloren, die für eine Vertiefung des Verständnisses besser angewandt werden könnte.

Vorliegende Fachkunde soll die Niederschrift ersetzen; sie ist für die Hand der Schüler bestimmt und bringt den Lehrstoff in einer leichtfaßlichen, dem Verständnis des Schülers angepaßten Form. Dem Lehrer muß es überlassen bleiben, den Unterrichtsstoff in lebendiger Weise mit den Schülern zu erarbeiten. Die vorliegende Fachkunde gibt dem Schüler das Unterrichtsergebnis in die Hand, um es festhalten und wiederholen zu können.

Zahlreiche Abbildungen im Text dienen zur Erläuterung und bilden ein vorzügliches Anschauungsmittel.

Die Fachkunde zerfällt in drei Teile. Der I. Teil behandelt die **Rohstoffkunde** und ist für die Unterstufe bestimmt, der II. Teil bringt die **Arbeitskunde** für die Mittelstufe und der III. Teil die **Kraftmaschinen** für die Oberstufe.

Vielfachen Wünschen entsprechend, wurde die vorliegende Auflage durch einen Abschnitt über Materialprüfung erweitert.

Die bisherigen Auflagen haben schnell Absatz gefunden, woraus geschlossen werden darf, daß die Fachkunde ihrem Zweck entspricht. Wir hoffen, daß sie sich auch weiterhin bewähren und neue Freunde erwerben wird.

Köln u. Düsseldorf, im Herbst 1925.

Die Verfasser.

A. Eisen und Stahl.

1. Allgemeines.

	1	2	3	4	5 Milliarden
Roheisen . . .					
Rohkupfer . . .					
Rohsilber . . .					
Rohzinn . . .					
Rohzink					
Rohblei					
Aluminium . .					
Nickel					

Gesamtwert der Weltproduktion 1912 in Milliarden Goldmark.

Eisen und Stahl werden durch Weiterverarbeitung des Roheisens gewonnen. Aus vorstehender Tabelle ergibt sich, daß der Wert der Roheisenerzeugung trotz des niedrigen Roheisenpreises erheblich größer ist, als der der anderen Metalle zusammengenommen. Ein Vergleich nach dem Gewicht würde ergeben, daß die Erzeugung von Roheisen sogar 20mal so groß ist als die aller anderen Metalle zusammen. Ohne Eisen und Stahl wäre unser Leben kaum noch denkbar (Haus=halt, Handwerk, Industrie, Landwirtschaft, Verkehrswesen, Heilkunde usw). Be=sonders im Maschinenbau spielen die verschiedenen Eisen= und Stahlsorten eine wichtige Rolle. Ihre Unterschiede sind bedingt durch die Art der Herstellung und durch den Gehalt an Beimengungen, von denen Kohlenstoff die wichtigste ist. Chemisch reines Eisen ist zu weich und in der Technik nicht brauchbar. Alles technisch verwendete Eisen, besonders aber der Stahl, müssen wir als Legierung von Eisen mit Kohlenstoff betrachten. Je mehr Kohlenstoff im Eisen enthalten ist, desto härter ist es. Auch alle anderen Eigenschaften von Eisen und Stahl hängen in erster Linie von dem Gehalt an Kohlenstoff ab.

2. Die Gewinnung des Roheisens.

Die Eisenerze.

a) Vorkommen.

Das Roheisen wird aus eisenhaltigen Steinen gewonnen, die in der Natur vielfach vorkommen. Man nennt sie Eisenerze. Einige Eisenerzarten lagern auf der Erdoberfläche, die meisten jedoch tief in der Erde. Hier werden sie ähnlich wie die Steinkohlen bergmännisch gewonnen und zutage gefördert. Deutschland kann seinen

Bedarf an Eisenerz aus eigenen Gruben nicht decken. Schon 1913 betrug der Wert der Einfuhr an Eisenerz 250 Millionen Goldmark. Durch den Versailler Vertrag sind uns die besten Eisenerzlager verloren gegangen, so daß wir jetzt fast $\frac{2}{3}$ unseres Bedarfs an Erzen aus Spanien, Nordafrika und Schweden einführen müssen.

b) Arten.

Die wichtigsten Eisenerze sind:

1. Brauneisenstein mit etwa 60% Eisen. Er ist, wie der Name schon sagt, von brauner Farbe, die dem Eisenrost sehr ähnlich sieht. Man findet ihn hauptsächlich in Luxemburg, Lothringen und Nordfrankreich. Die dort lagernden Eisenerze sind aus kleinen Körnchen gebildet. Daher nennt man diese Art des Brauneisensteins auch Rogenerz oder Minette. Deutschland hat Brauneisenstein im Siegerland, an der Lahn und in Oberschlesien.

2. Roteisenstein mit etwa 70% Eisen. Er ist von rötlicher Farbe. Fundstätten sind in Deutschland an der Lahn, an der Sieg, im Harz, im Erzgebirge und in Thüringen. Die größten Roteisensteinlager besitzt Nordamerika.

3. Spateisenstein mit etwa 50% Eisen. Er findet sich an der Sieg.

4. Magneteisenstein mit dem hohen Eisengehalt von etwa 70%. Er ist magnetisch, hat also die Eigenschaft, Eisenteilchen, z. B. Eisenspäne, anzuziehen. In Deutschland findet er sich nicht. Dagegen hat Schweden große Lager an Magneteisenstein.

c) Aufbereitung.

Die meisten Eisenerze werden so gebraucht, wie sie im Bergbau gewonnen werden. Manchmal findet jedoch eine Aufbereitung statt, d. h. sie werden für die eigentliche Weiterverarbeitung vorbereitet.

Zunächst werden die Eisenerze auf eine bestimmte Stückgröße zerkleinert. Dies geschah früher durch Handhämmer, heute benutzt man hierzu besondere Vorrichtungen und Maschinen, sogenannte Brechwerke.

Eisenerze, die viel Sand und Ton enthalten, werden gewaschen. Das Waschen erfolgt in eisernen Waschtrommeln.

Eine weitere Art der Aufbereitung ist das Rösten der Eisenerze. Sie werden in besonderen Röstöfen bis zur Glühhitze, aber nicht bis zum Schmelzen erhitzt. Durch das Rösten wird die Feuchtigkeit der Erze zum großen Teil ausgetrieben. Das Gewicht nimmt dabei um etwa 30% ab. Das Rösten erfolgt deshalb meist schon auf den Erzgruben, damit an Transportkosten gespart wird.

Feinkörnige Erze werden brikettiert, d. h. in besonderen Pressen zu Briketts geformt.

Der Hochofen.

a) Beschreibung.

Die Eisenerze bestehen immer nur zu einem gewissen Teil aus Eisen. Sie sind stets mit erdigen oder steinigen Massen durchsetzt. Um das Eisen zu gewinnen, müssen die Eisenerze von diesen Bestandteilen befreit werden. Dies geschieht im Hochofen (Abb. 1 und 1a). Er ist ein Schachtofen, der innen die Form zweier

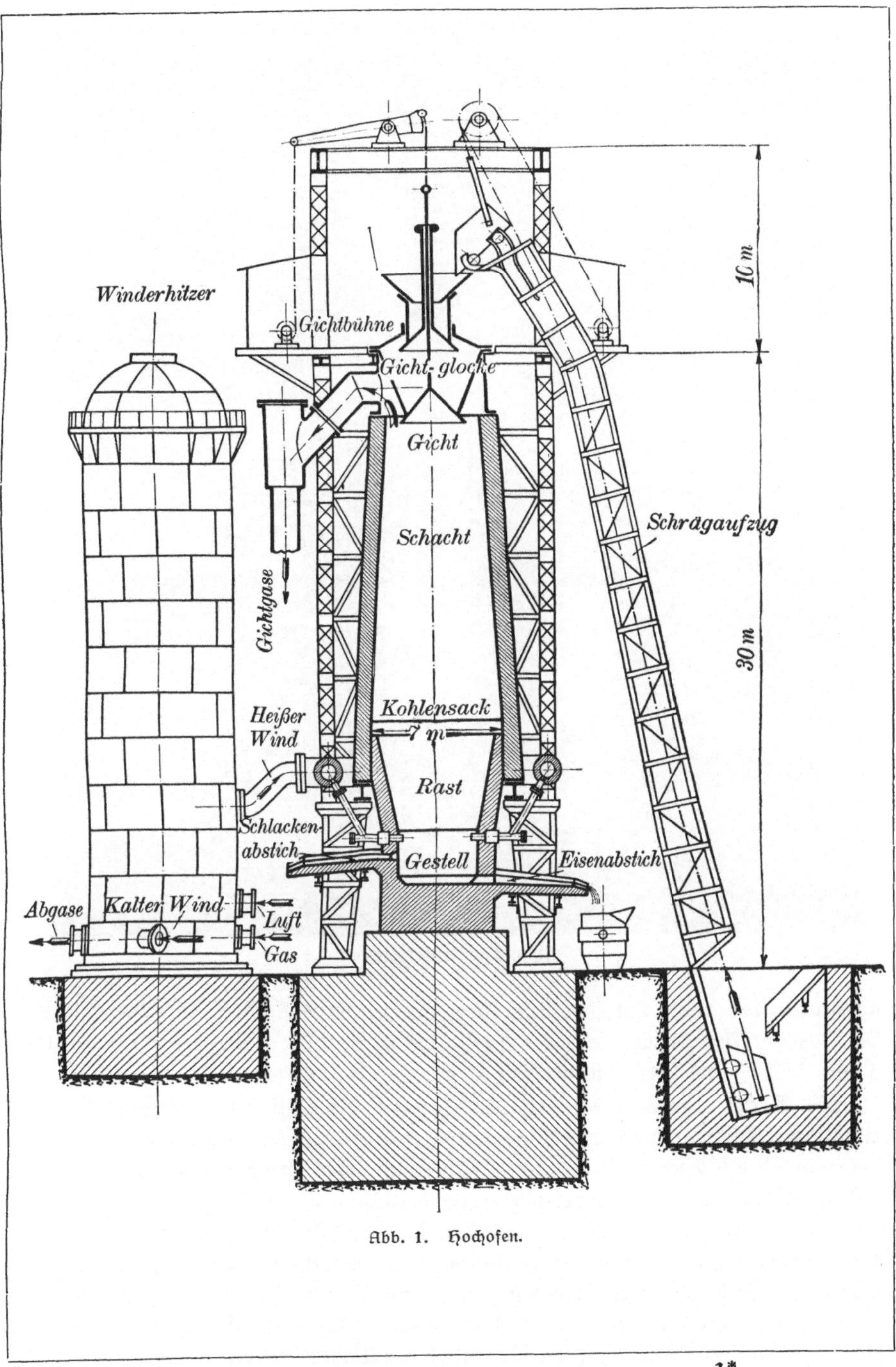

Abb. 1. Hochofen.

Abb. 1a. Hochofenanlage.

abgeſtumpfter Kegel hat, die mit ihren großen Grundflächen aufeinanderſtoßen.
Der Durchmeſſer beträgt an dieſer Stelle bis zu 7 m. Die Höhe des Ofens iſt etwa
30 m. Man unterſcheidet beim Hochofen:

Die Gicht, den Schacht, den Kohlenſack, die Raſt und das Geſtell. Der
eigentliche Ofenbau wird aus feuerfeſtem Material (Schamotteſteinen) gemauert
und von einem Eiſengerüſt gehalten. Oben am Schacht befindet ſich die Gichtbühne
mit der Gicht. Unter Gicht verſteht man die Öffnung, durch die der Hochofen be=
ſchickt wird. Sie iſt abgeſchloſſen durch den Gichtverſchluß, die ſogenannte Gichtglocke.
Das Material zur Beſchickung des Hochofens wird durch einen Schrägaufzug in Förder=
wagen zur Gicht befördert. Beim Entleeren eines Wagens (Abb. 1) ſenkt ſich zunächſt
der Oberteil und dann der Unterteil der Gichtglocke. Dadurch bildet ſich jedesmal
ein ringförmiger Spalt, durch den der Inhalt des Wagens in den Schacht ſtürzen kann.

Die Beschickung des Hochofens erfolgt abwechselnd: auf einen Wagen Erz mit Zuschlägen folgt ein Wagen Brennstoff usw. Die Zuschläge haben die Aufgabe, die erdigen oder steinigen Bestandteile der Eisenerze zu binden. Sie schmelzen in der Glut des Ofens mit diesen Beimischungen zusammen und bilden dadurch die leichtflüssige Schlacke. Je nach der Art der Erze muß man die Zuschläge auswählen (Kalkstein, Tonerde, Tonschiefer). Das Mischen der Eisenerze mit den Zuschlägen nennt man Möllern.

Als Brennstoff verwendet man Hüttenkoks. Er ist von großer Festigkeit, so daß die Koksschichten von den über ihnen liegenden Erzschichten nicht zerdrückt werden, sondern locker und durchlässig bleiben. So können die zugeführte Luft und die Ofengase nach oben leicht durchziehen. Steinkohlen würden bei der Verbrennung backen und nicht mehr durchlässig genug sein.

Um eine lebhafte Verbrennung im Hochofen zu erzielen, wird ihm Wind zugeführt. Im oberen Teil des Gestells (Abb. 1) münden rundum in den Ofen etwa 16 bis 20 Düsen, die an eine Windleitung angeschlossen sind. Der Wind wird in Gebläsemaschinen erzeugt und, bevor er in den Hochofen gelangt, in sogenannten Winderhitzern (Abb. 1 und 1a) vorgewärmt. Zu einem Hochofen gehören drei bis fünf Winderhitzer. Es sind Zylinder aus Eisenblech von etwa 6—8 m Durchmesser und 20—30 m Höhe, die von unten bis oben mit Steinzellen ausgefüllt sind. Die Steinzellen werden auf hohe Temperatur erhitzt und geben dann die Wärme an den durchgeleiteten Gebläsewind ab. Zum Erhitzen der Steinzellen benutzt man die Gase, die sich beim Schmelzvorgang im Hochofen bilden. Sie werden an der Gicht aufgefangen, weshalb man sie auch Gichtgase nennt. Bei Zuführung frischer Luft sind sie brennbar. Man leitet sie durch Rohrleitungen zu den Winderhitzern und läßt sie in diesen verbrennen. Haben sich nun in einem Winderhitzer die Steinzellen genügend erhitzt, so stellt man die Gichtgase ab und leitet darauf den Gebläsewind hindurch. So wird immer ein Teil der Winderhitzer angewärmt, während ein anderer Teil seine Wärme an den Wind abgibt. Durch die Erwärmung des Windes wird bedeutend an Brennmaterial gespart, und gleichzeitig werden die Gichtgase zweckmäßig verwertet. Früher ließ man das Gas ins Freie entweichen, was einen großen Verlust bedeutete. Heute benutzt man es außerdem zu Kesselfeuerungen, dann auch als Kraftgas zum Antrieb von Großgasmaschinen.

b) Schmelzvorgang.

Ist der Hochofen beschickt und angeblasen, d. h. in Betrieb, so wickeln sich folgende Vorgänge ab: Die aufgeschichteten Materialien werden zunächst im oberen Teil des Schachtes durch die abziehenden Gase vorgewärmt. Dadurch verdampft die Feuchtigkeit der Erze, der Zuschläge und des Brennstoffs. Allmählich sinken die Stoffe tiefer und kommen in heißere Lagen. Ungefähr in der Mitte des Schachtes beginnt sich das Eisen aus dem Erz zu scheiden. Es schließt sich hier zu schwammigen Gebilden zusammen und dehnt sich etwas aus. Darum ist der Ofen an dieser Stelle auch weiter gehalten. Beim Tiefersinken gelangen die Massen in den Kohlensack. Hier nimmt das Eisen Kohlenstoff auf und wird damit leichter schmelzbar. Im oberen Teil der Rast wird dann das Eisen flüssig. Die erdigen Bestandteile der Eisenerze verbinden sich mit den Zuschlägen zu einer flüssigen Schlacke. Eisen und Schlacke sammeln sich nun im Gestell. Hierbei sinkt das Eisen bis auf den Boden, den Eisenherd. Die Schlacke dagegen schwimmt auf dem Eisen wie Öl auf dem Wasser, weil sie leichter ist.

Hat sich genügend Eisen im Gestell gesammelt, so wird es abgestochen, d. h. man läßt es beim Eisenabstich (Abb. 1) abfließen. Dies geschieht alle 3—4 Stunden. Man fängt das Eisen dann entweder in Gießpfannen auf, um es in flüssigem Zustande weiter zu verarbeiten, oder man läßt es in die sandigen Formrinnen auf dem Boden der Gießhalle laufen, wo es zu Masseln erstarrt. Die Schlacke fließt ständig beim Schlackenabstich ab. Nur beim Abstich des Eisens wird der Abfluß der Schlacke für kurze Zeit unterbrochen. Die ständig abfließende Schlacke heißt Laufschlacke. Die mit dem Eisen beim Abstich ausfließende Schlacke nennt man Abstichschlacke. Die Hochofenschlacke findet Verwendung als Schlackenpflastersteine, als Stückschlacke zum Beschottern von Straßen, als Schlackenbausteine an Stelle von Ziegelsteinen usw.

Das Roheisen.

Das im Hochofen gewonnene Eisen nennt man Roheisen. Es ist kein reines Eisen, sondern es enthält noch gewisse Beimengungen. Diese sind: Kohlenstoff, Silizium, Mangan, Schwefel und Phosphor. Sie beeinflussen das Eisen sehr in bezug auf seine Güte und Verwendbarkeit. In erster Linie ist hierfür der Kohlenstoffgehalt maßgebend. Roheisen hat etwa 3—5 % Kohlenstoff und ist infolge dieses hohen Kohlenstoffgehaltes nur in wenigen Fällen ohne weiteres verwendbar. Es muß vielmehr durch Umschmelzen und Reinigen zu den verschiedenen Eisensorten verarbeitet werden

Aus dem Roheisen werden alle andern Eisen- und Stahlsorten gewonnen. Man unterscheidet:

1. Graues Roheisen; es hat grauen Bruch, ist weicher und zäher, reich an Silizium und findet Verwendung als Gußeisen. (Siehe S. 42.)
2. Weißes Roheisen; es hat hellen Bruch, ist sehr spröde, reich an Mangan und wird zur Herstellung von Schmiedeeisen und Stahl benutzt. (Siehe S. 7 u. 15.)

Das verschiedene Aussehen des Roheisens wird durch die Art des Kohlenstoffes hervorgerufen, der in ihm enthalten ist. Im geschmolzenen Roheisen ist der Kohlenstoff gleichartig und gleichmäßig verteilt, ähnlich wie z. B. Salz in Wasser aufgelöst ist. Scheidet sich beim Erstarren des Roheisens der Kohlenstoff in Form von Graphit aus, so sieht man ihn zwischen den Eisenkörnern liegen. Der schwarz aussehende Graphit ruft dann im Gemisch mit den weißen Eisenkörnern die graue Farbe hervor. (Graues Roheisen.)

Scheidet sich beim Erstarren des Roheisens der Kohlenstoff nicht aus, so bleibt er legiert mit dem Eisen. Man sieht ihn nicht zwischen den Eisenkörnern liegen, ähnlich wie man z. B. das Salz nicht sieht, welches in Wasser aufgelöst wurde. Die weißen Eisenkörner bringen dann die weiße Farbe hervor. (Weißes Roheisen.)

Das verschiedene Verhalten des Kohlenstoffes beim Erstarren des Roheisens ist auf den Gehalt an Silizium oder Mangan zurückzuführen. Bei hohem Siliziumgehalt ergibt sich graues Roheisen, und ein hoher Mangangehalt ergibt weißes Roheisen.

Nachstehende Übersicht zeigt in schematischer Darstellung die Roheisenerzeugung der wichtigsten Länder in Millionen Tonnen für das Vorkriegsjahr 1913 und das Nachkriegsjahr 1920. Bemerkenswert ist es, daß außer in Nordamerika die Roheisenerzeugung in sämtlichen andern Ländern zurückgegangen ist, am meisten in Deutschland (Verlust der lothringischen und oberschlesischen Hüttenwerke).

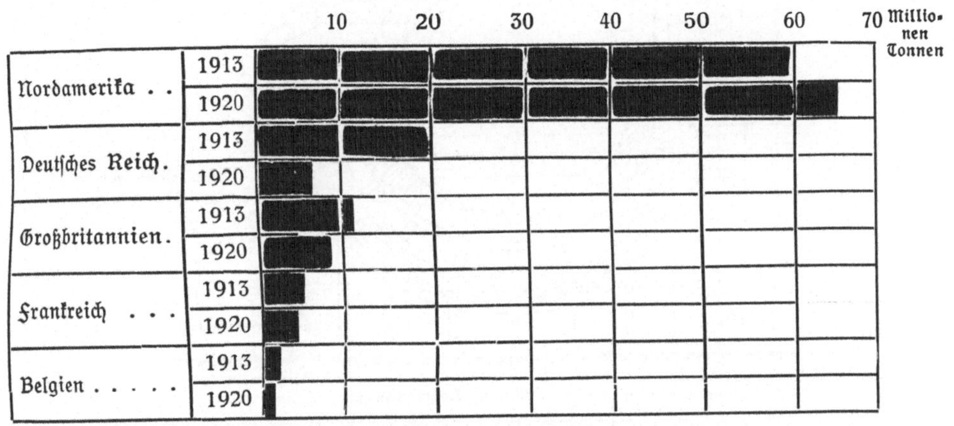

Roheisenerzeugung 1913 und 1920 in Millionen Tonnen.

Der Roheisenmischer.

Das flüssige Roheisen gelangt zur Weiterverarbeitung vom Hochofen meist in den Roheisenmischer (Abb. 2). Dies ist ein großer Behälter aus Eisenblech, der innen mit feuerfestem Material ausgekleidet ist. Der Mischer kann durch eine Vorrichtung mittels Wasserdruck gedreht werden. Dadurch ist es möglich, das Eisen auszugießen, um es nach Bedarf weiter zu verarbeiten (Abb. 2a). Der Mischer ist meist mit einer Heizvorrichtung versehen, damit das Roheisen nicht erkaltet. Zum Heizen benutzt man vielfach Gichtgas. Der Roheisenmischer dient zunächst als Sammelbehälter. Das aus mehreren Hochöfen gewonnene Roheisen läßt sich nämlich nicht immer gleich weiter verwenden. Außerdem erzielt man eine gute Durchmischung der verschiedenen Roheisenabstiche. Schließlich scheidet noch beim ruhigen Stehen des Roheisens im Mischer ein großer Teil Schwefel an der Oberfläche aus.

3. Das Schmiedeeisen.

Schmiedeeisen wird in der Werkstatt gebraucht als Flacheisen, Vierkanteisen, Rundeisen, Winkeleisen, Wellen, Bolzen, Schrauben, Muttern usw.

Nimmt man ein Stück Flacheisen und bearbeitet es auf dem Amboß mit dem Hammer, so zerspringt es nicht. Es ändert jedoch seine Form, wird breiter und

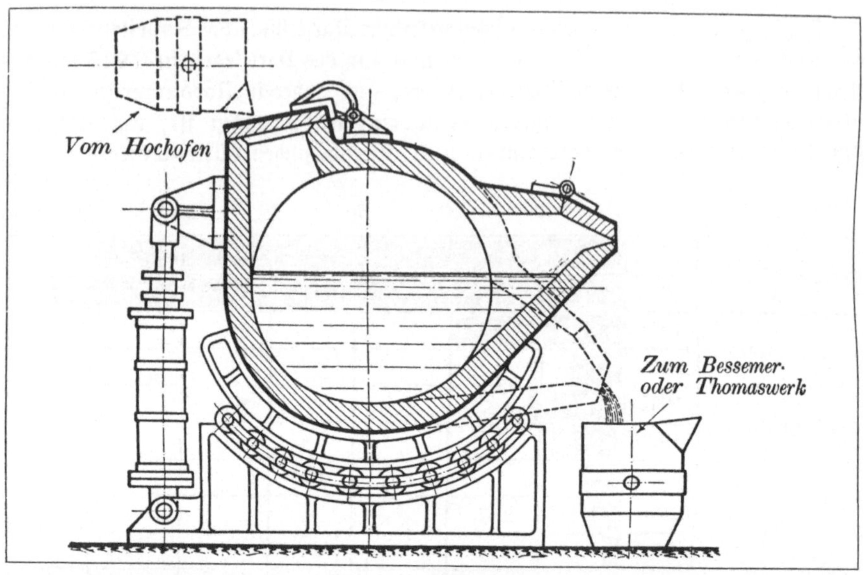

Abb. 2. Roheisenmischer.

Abb. 2a. Roheisenmischer.

dünner und streckt sich in die Länge. Erwärmt man das Eisen vorher auf Rotglut, so läßt es sich leichter bearbeiten, ohne in Stücke zu zerfallen. Das Schmiedeeisen ist also dehnbar oder schmiedbar. Legt man zwei Flacheisenstücke, die auf Weißglut erhitzt sind, auf dem Amboß aufeinander, so lassen sie sich durch Hammerschläge zu einem Stück vereinigen. Das Schmiedeeisen ist also auch schweißbar. Es enthält wenig Kohlenstoff (0,08 — 0,5 %), der in chemisch kleinen Mengen fein verteilt ist. Die Bruchfläche des Schmiedeeisens ist daher hellgrau und feinkörnig, vielfach auch faserig. Wird eine Welle aus Schmiedeeisen auf der Drehbank abgedreht, so entstehen lange, spiralförmige Späne. Auch beim Meißeln von Schmiedeeisen ergeben sich lange, gerollte Späne, weil der Zusammenhang zwischen den Eisenteilchen groß ist. Das Schmiedeeisen läßt sich im Gegensatz zu Gußeisen schwer schmelzen und nicht gießen. Man verwendet es für Teile, die in Gußeisen wegen der Sprödigkeit desselben nicht halten würden.

Das Schmiedeeisen wird aus dem Roheisen gewonnen. Es unterscheidet sich von ihm dadurch, daß sein Kohlenstoffgehalt bedeutend geringer ist. Außerdem enthält Schmiedeeisen weniger fremde Bestandteile als Roheisen. Es ist also ein reineres Eisen. Um aus dem Roheisen Schmiedeeisen zu gewinnen, muß man:

1. den Kohlenstoffgehalt desselben verringern;
2. die anderen Bestandteile (Silizium, Mangan, Phosphor, Schwefel usw.) ganz oder zum Teil entfernen. Man erreicht dies durch einen Verbrennungsvorgang, der Frischen genannt wird. Je nach der Art des Verbrennungsvorgangs erhält man dann entweder Schweiß oder Flußeisen.

a) Schweißeisen.

Das Schweißeisen wird im Puddelofen (Abb. 3) gewonnen. Der Puddelofen ist ein Flammofen, in dem nur die Flamme, nicht der Brennstoff mit dem Schmelzgut in Berührung kommt. Er besteht aus der Feuerung A mit dem Rost, dem mit Wasser gekühlten Arbeitsherd B, dem Fuchs C

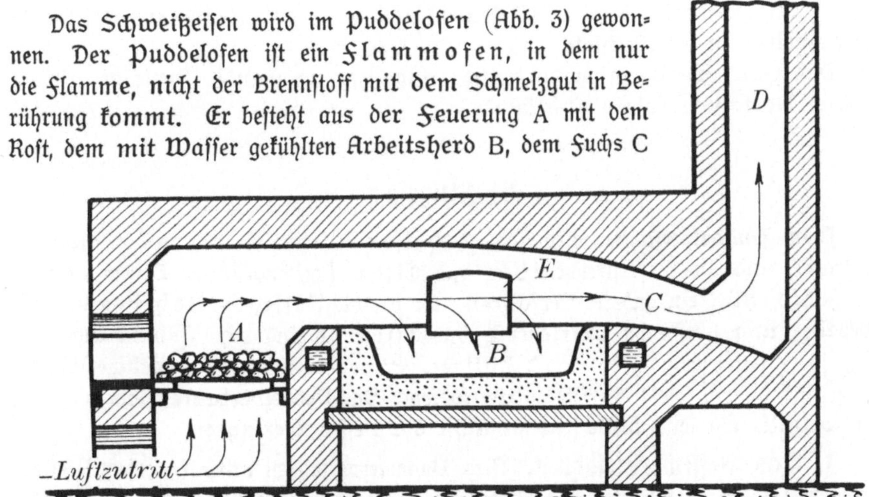

Abb. 3. Puddelofen.

und dem Schornstein D. E ist eine Arbeitstüre. Als Brennstoff wird Steinkohle benutzt.

Der Vorgang ist folgender:

Man bringt das Roheisen in Blockform auf den Arbeitsherd. Hier wird es durch die Feuerung zunächst bis auf Weißglut erhitzt, so daß es zum Schmelzen kommt. Jetzt beginnt die Arbeit des Puddlers. Mit einer hakenförmigen Brechstange rührt er das flüssige Eisen beständig um. Dadurch werden fortwährend Eisenteilchen mit der Flamme und der durchziehenden Luft in Berührung gebracht. Die Folge davon ist, daß zunächst Silizium, Mangan usw. verbrennen und sich in Form von Schlacke auf der Oberfläche des Roheisens absetzen. Schließlich steigen aus der Schlacke Gasblasen auf, die mit blauer Flamme verbrennen. Dies ist ein Zeichen, daß nunmehr der Kohlenstoff des Roheisens teilweise verbrannt wird. Die Gasentwicklung wird immer stärker, und das ganze Bad kocht auf. Der Herd füllt sich mit flüssiger Masse, und die Schlacke fließt durch die Arbeitstüre E ab. Nach längerem Umrühren nimmt der Kohlenstoff des Roheisens mehr und mehr ab. Das Eisen wird jetzt strengflüssiger. Es bildet sich ein Eisenteig, der mit der hakenförmigen Brechstange nicht mehr gerührt werden kann. Dann bricht der Puddler mit einer spitzen Brechstange den Eisenteig in einzelnen Klumpen los und wendet sie um. Dadurch werden immer wieder neue Eisenteilchen mit Flamme und Luft in Berührung gebracht. So findet eine gleichmäßige Entkohlung des Roheisens statt. Schließlich formt der Puddler aus der teigigen Masse Ballen, die man Luppen nennt. Die Luppen werden mit einer Zange aus dem·Ofen geholt und unter den Schmiedehammer oder die Schmiedepresse gebracht. Hier werden sie zunächst unter leichten Schlägen oder leichtem Druck bearbeitet. Dadurch wird die noch vorhandene Schlacke ausgeschieden. Dann werden die Luppen starken Schlägen oder hohem Druck ausgesetzt. Hierdurch wird ein Zusammenschweißen der Eisenteilchen herbeigeführt. Die so vorgeschmiedeten Luppen werden dann im Walzwerk noch weiter verarbeitet und kommen als Schweißeisen in die Werkstatt.

Das Puddelverfahren wurde früher allgemein angewandt. Heute ist es durch andere Verfahren nahezu verdrängt.

b) Flußeisen.

Beim Puddelverfahren wird das Roheisen in fester Form in den Ofen eingebracht, und die Luft streicht über das Eisen. Der Engländer Bessemer erfand im Jahre 1855 ein anderes Verfahren. Er brachte flüssiges Roheisen in einen Behälter und preßte die Luft durch das Eisenbad hindurch. Dadurch wurde die Schmiedeeisenerzeugung bedeutend billiger. Es vollzog sich eine gewaltige Umwälzung auf dem Gebiete des Eisenhüttenwesens. Das Puddelverfahren kam fast ganz in Fortfall. An seine Stelle trat zunächst das Bessemerverfahren.

1. Das Bessemerverfahren. Das Bessemerverfahren wird in einem Behälter ausgeführt, der die Form einer Birne hat. Der Behälter führt.daher den Namen: Bessemerbirne oder auch Konverter (Abb. 4 und 4a).

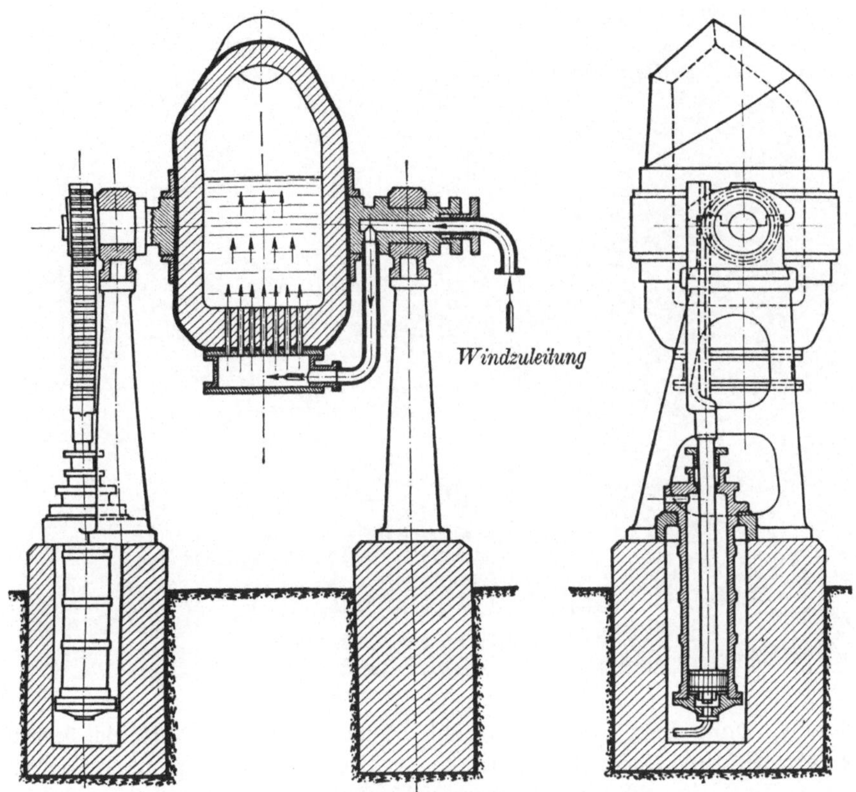

Abb. 4. Bessemerbirne.

Beschreibung. Die Bessemerbirne besteht aus Eisenblech und ist innen mit feuerfestem Material (Schamotte) ausgefüttert. Eine Bessemerbirne mittlerer Größe hat einen Durchmesser von etwa 4 m, eine Höhe von etwa 8 m und faßt etwa 35 t Flußeisen (1 t = 1 Tonne = 1000 kg). Die Birne ist in zwei Zapfen drehbar gelagert. Der eine Zapfen trägt ein Zahnrad, in welches eine Zahnstange eingreift. Diese trägt an ihrem unteren Ende einen Kolben. Er wird in einem Zylinder mit Hilfe von Wasserdruck auf= und abbewegt. Mittels der Zahnstange kann die Birne also gedreht und in verschiedene Stellungen gebracht werden. Der andere Zapfen ist hohl und dient als Windzuleitung. Von ihm aus führt ein Rohr nach dem Windkasten, der sich unter dem Boden der Birne befindet. Der Boden hat Kanäle oder Windlöcher, durch welche Luft in die Birne eintritt. Die Luft steht unter einem Druck von etwa 1,5 Atm. und tritt in kaltem Zustande ein. (1 Atm. = 1 kg Druck auf 1 qcm.)

Arbeitsvorgang. Die Birne wird durch fahrbare Gießpfannen mit flüssigem Roheisen beschickt. Hierbei hat sie eine wagerechte Lage, damit das Eisen nicht in die Bodenlöcher läuft und die Windzuführung verstopft. Um möglichst viel Eisen in der wagerechten Lage aufnehmen zu können, ist die Birne an einer Seite aus-

Abb. 4a.　Konverteranlage.

gebaucht. Dann wird ſie in die ſenkrechte Stellung gedreht, und ſogleich beginnt die Luftzuführung. Sofort verbrennen die im Roheiſen mehr oder weniger enthaltenen Beſtandteile: Silizium, Mangan, Kohlenſtoff uſw. Hierdurch findet eine bedeutende Temperaturerhöhung ſtatt, ſo daß der Inhalt der Birne flüſſig bleibt. Die ganze Maſſe kocht ſchließlich, und Eiſen= und Schlackenteile werden in Feuergarben aus der Öffnung geſchleudert. Wenn alle Beimengungen des Roheiſens verbrannt ſind, beruhigt ſich der Inhalt der Birne wieder, und der Auswurf hört auf. Jetzt wird die Birne gedreht und die Schlacke abgegoſſen. Das nun vorhandene Eiſen iſt für die Werkſtatt nicht verwendbar, da es keinen Kohlenſtoff oder ſonſtige Beimengungen mehr enthält. Es würde zu weich ſein. Deshalb fügt man ihm den nötigen Gehalt an Kohlenſtoff, Silizium und Mangan in beſtimmter Menge wieder zu. Dazu benutzt man kohlenſtoff=, ſilizium= und manganhaltiges Roheiſen. Dieſen Vorgang bezeichnet man mit Rückkohlung. Hierdurch iſt es möglich, dem Eiſen genau die Zuſammenſetzung zu geben, die für ſeine jeweilige Verwendung erwünſcht iſt.

Das fertige Eiſen läßt man durch Kippen der Birne in Gießpfannen laufen. Aus dieſen wird es in Kokillen gefüllt, wo es zu Blöcken erſtarrt. Je nach der Verwendung hat man Kokillen mit rechteckigem, achteckigem oder elliptiſchem Querſchnitt. Abb. 5 zeigt eine Kokille und einen Block mit rechteckigem Querſchnitt. Die Blöcke werden dann im Walzwerk zu Stabeiſen, Profileiſen, Trägern, Blechen uſw. ausgewalzt.

Das Beſſemerverfahren dauert etwa 20 Minuten.

2. Das Thomasverfahren.

In der Bessemerbirne kann nur aus phosphorfreiem Roheisen Flußeisen erzeugt werden, weil durch die Verbrennung des Phos= phors das Futter der Birne an= gegriffen wird. Erst durch die Erfindung des Engländers Tho= mas im Jahre 1879 wurde es möglich, phosphorreiches Roh= eisen weiter zu verarbeiten. Er stellte aus einer Mischung von gebranntem Dolomit und Teer Ziegel her und kleidete damit die Birne aus. Diese Ausfütte= rung hält den Einwirkungen der Phosphorsäure, die sich beim Verbrennen des Phosphors bildet, stand. Außerdem wird die Birne vor dem Einbringen

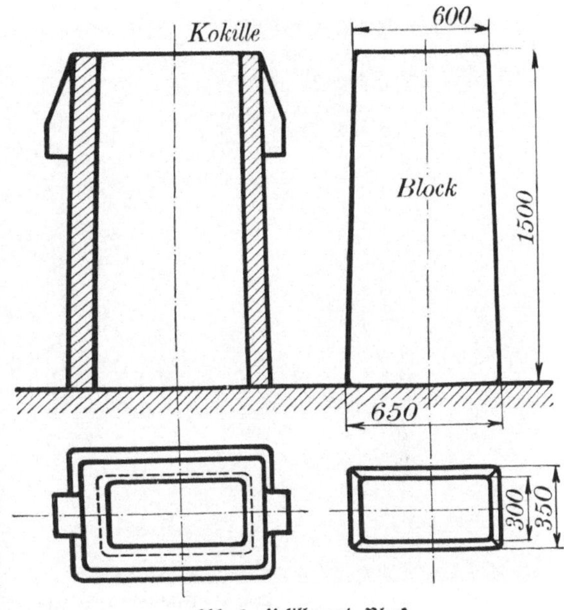

Abb. 5. Kokille und Block.

des flüssigen Roheisens mit einer größeren Menge von gebranntem Kalk beschickt.

Der Vorgang in der Thomasbirne ist nun ähnlich wie beim Bessemerverfahren. Beim Einsetzen der Luftzufuhr verbrennen zunächst Silizium, Mangan, Kohlenstoff und dann Phosphor. Die entstehende Phosphorsäure verbindet sich mit dem Kalk zu einer Schlacke (phosphorsaurer Kalk). Diese wird abgelassen, und dann findet wie beim Bessemerverfahren die Rückkohlung statt. Die Schlacke wird Thomasschlacke genannt und bildet ein wertvolles Düngemittel. Sie kommt in gemahlenem Zu= stande als Thomasmehl in den Handel.

3. Das Siemens=Martin=Verfahren. a) Allgemeines.

Es dient ebenfalls zur Erzeugung von Flußeisen. In der ersten Zeit wurde dieses Verfahren haupt= sächlich dazu benutzt, Schmiedeeisenabfälle, mit Roheisen vermischt, wieder einzu= schmelzen. Allmählich hat es sich jedoch auch zu einem selbständigen Verfahren entwickelt, bei dem nur flüssiges Roheisen verarbeitet wird. Im Puddelofen lassen sich Schmiedeeisenabfälle nicht einschmelzen, da Schmiedeeisen erst bei hoher Tem= peratur zu schmelzen beginnt, die im Puddelofen nicht erzeugt werden kann. Das Bessemer= oder Thomasverfahren läßt ein Einschmelzen ebenfalls nicht zu, weil Schmiedeeisenschrott nur einen geringen Gehalt an Silizium, Phosphor, Mangan und Kohlenstoff hat. Infolgedessen kann in der Bessemer= oder Thomasbirne die zum Schmelzen erforderliche Hitze nicht erzeugt werden. Der Inhalt der Birne würde nicht genügend flüssig. Die Gebrüder Siemens erzeugten nun in einem Schachtofen ein Gas, welches vorgewärmt und mit heißer Luft vermischt eine sehr hohe Tempe= ratur entwickelt. Hiermit ist es möglich, Schmiedeeisenschrott zum Schmelzen zu bringen. Die Erfindung der Gebr. Siemens wurde in einem Herdofen der Gebr. Martin er= probt. Daher auch der Name des Verfahrens. Abb. 6 zeigt, wie ein Siemens=Martin=

Abb. 6. Beschickung des Siemens-Martin-Ofens.

Ofen mit flüssigem Roheisen beschickt wird. In Abb. 6a ist ein Siemens-Martin-Ofen dargestellt.

b) Arbeitsvorgang. Das Roheisen wird in fester oder flüssiger Form, mit Schmiedeeisenschrott gemischt, auf den Herd A des Ofens gebracht. Der Herd ist mit einer Ausfütterung aus feuerfestem Material, ähnlich wie die Bessemer- oder Thomasbirne versehen. Die Beschickung des Ofens erfolgt durch die Arbeitstüren B. Unter dem Herd befinden sich rechts und links je zwei Kammern, die eine für Luft, die andere für Gas. Sie sind gitterartig mit feuerfesten Steinen ausgemauert. Aus den beiden rechten Kammern strömt durch getrennte Kanäle vorgewärmtes Gas und erhitzte Luft auf den Herd. Luft und Gas mischen sich über dem Herd und verbrennen. Durch die Verbrennung entsteht eine hohe Temperatur, und der Einsatz kommt zum Schmelzen. Die heißen Abgase strömen in die Kammern auf der linken Seite, erhitzen das Gitterwerk und gelangen dann durch den Schornstein ins Freie. Nach einiger Zeit wird die Luft- und Gaszufuhr durch Ventile von rechts nach links umgestellt. Luft und Gas werden jetzt in den beiden heißen Kammern links vorgewärmt, gelangen auf den Herd und verbrennen. Die heißen Abgase werden jetzt nach rechts abgeleitet und erhitzen das rechte Kammerpaar. Durch diese Vorwärmung von Gas und Luft wird die Temperatur auf dem Herd nach und nach auf 2000⁰ C gesteigert.

Beim Schmelzen findet allmählich eine Verbrennung von Silizium, Mangan, Kohlenstoff und Phosphor statt. Je mehr die Entkohlung fortschreitet, desto höher muß die Temperatur des Ofens steigen. Durch Schöpfproben, Schmiede- und Bruchproben überzeugt man sich von der Zusammensetzung des Eisenbades. Die verbrannten Stoffe werden in Form von entsprechenden Roheisensorten wieder zu-

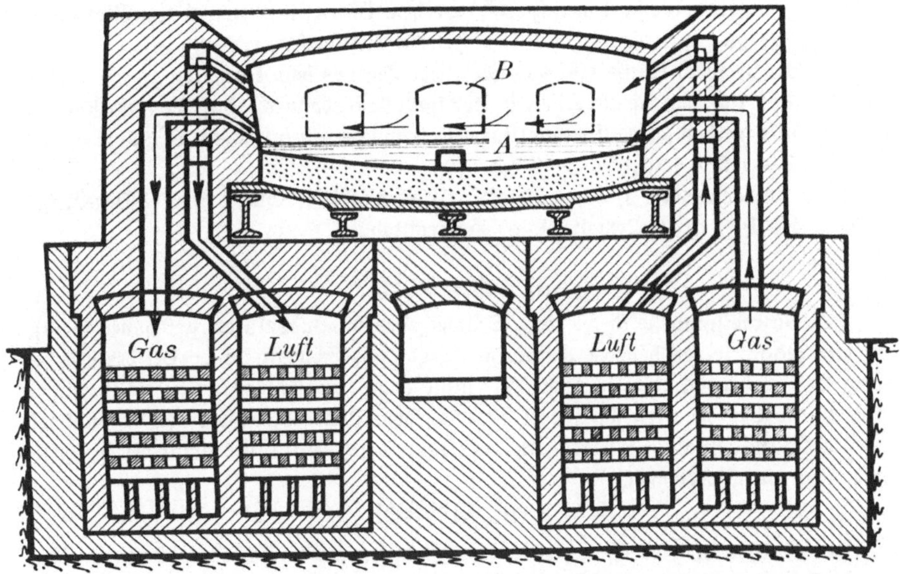

Abb. 6a.   Siemens=Martin=Ofen.

gesetzt. Man nimmt eine Rückkohlung vor, ähnlich wie beim Bessemer= und Thomas=
verfahren.

Wenn die gewünschte Zusammensetzung des Eisens erreicht ist, läßt man es
durch ein Stichloch abfließen. Das Eisen wird in Gießpfannen aufgefangen und in
Kokillen gegossen, wo es zu Blöcken erstarrt. Die Blöcke werden dann im Walzwerk
weiter verarbeitet. Ein Siemens=Martin=Ofen faßt etwa 15 bis 80 t. Zum Ein=
schmelzen werden je nach der Größe des Ofens 4—8 Stunden benötigt.

4. Der Stahl.

Stahl ist Schmiedeeisen mit höherem Kohlenstoffgehalt. Erhitzt man ein Stück
Stahl auf Rotglut und kühlt es schnell in Wasser ab, so wird es glashart. Der
Stahl läßt sich also härten. Der gehärtete Stahl kann nur mit dem Schleifstein be=
arbeitet werden. Die Feile greift den gehärteten Stahl nicht an. Der Stahl läßt
sich schmieden und schweißen, ähnlich wie das Schmiedeeisen.

Äußerlich sieht Stahl schwarzgrau aus. Seine Bruchfläche ist hellgrau
und noch feinkörniger als beim Schmiedeeisen, so daß sie samtartig aussieht.
Man erkennt ihn auch an seinem reinen, hellen Klang, der beim Schmiedeeisen nicht
vorhanden ist.

Der Stahl kommt als Werkzeugstahl in den Handel in Form von Flachstahl,
Vierkantstahl, Dreikantstahl, Rundstahl usw. Aus diesem Stahl werden Werkzeuge
aller Art angefertigt wie: Meißel, Durchschläge, Körner, Feilen, Bohrer, Gewinde=
bohrer, Reibahlen, Drehstähle, Hobelstähle usw. Ferner findet Stahl Verwendung

für Maschinenteile, die stark beansprucht werden. Diesen Stahl nennt man Maschinenstahl. Er ist zur Anfertigung von Werkzeugen nicht geeignet.

Der Stahl wird ebenso wie das Schmiedeeisen aus dem Roheisen gewonnen. Er unterscheidet sich von Schmiedeeisen in der Hauptsache dadurch, daß er mehr Kohlenstoff enthält und infolgedessen härtbar ist. Schmiedeeisen hat bis 0,5% Kohlenstoff, Stahl 0,5—1,5% (Roheisen 3—5%).

Man unterscheidet: a) Schweißstahl, b) Flußstahl, c) Gußstahl (1. Tiegelstahl, 2. Elektrostahl), d) Werkzeugstahl, e) Zementstahl.

a) Schweißstahl.

Der Schweißstahl wird wie das Schweißeisen im Puddelofen gewonnen (S. 9). Er hat jedoch einen höheren Kohlenstoffgehalt als Schweißeisen. Bei der Gewinnung des Schweißstahles unterbricht man daher die Entkohlung des Roheisens früher, als bei der Herstellung von Schweißeisen. Man bezeichnet den Schweißstahl auch als Puddelstahl. Er wird in der Hauptsache als Rohmaterial bei der Gußstahlerzeugung verwandt.

b) Flußstahl.

Der Flußstahl wird ähnlich wie das Flußeisen in der Bessemerbirne, der Thomasbirne oder im Siemens=Martin=Ofen gewonnen. Man stellt ihn dadurch her, daß man dem Eisen bei der Rückkohlung mehr Kohlenstoff zuführt. Flußstahl hat einen feinkörnigen Bruch und besitzt eine hohe Festigkeit. Er wird zur Herstellung von Wellen, Kurbelwellen, Pleuelstangen und sonstigen Maschinenteilen benutzt, die sehr beansprucht werden. Zur Anfertigung von guten Werkzeugen wird er nicht verwendet.

c) Gußstahl.

Der Puddelofen, die Bessemer= und Thomasbirne, sowie der Siemens=Martin= Ofen liefern Stahl für Maschinenteile, die stark beansprucht werden. Für die Anfertigung von Werkzeugen ist dieser Stahl nicht geeignet. Der hierfür brauchbare Stahl muß erst durch Umschmelzen und Reinigen gewonnen werden. Nach der Art des Verfahrens für das Umschmelzen unterscheidet man Tiegel= und Elektrostahl.

1. Tiegelstahl. Der Tiegelstahl wird im Tiegelofen gewonnen. Dies ist ein Ofen, der mit einer Gasfeuerung arbeitet, ähnlich wie der Siemens=Martin=Ofen. Auf den Herd des Ofens werden 20—100 Tiegel gesetzt, die mit Schweiß= oder

Abb. 7. Zustand des Schmelzgutes im Tiegel (an der Luft erkaltet)

nach ½　　　1　　　1½　　　2　　　2½　　　3　　　4 Std. Schmelzdauer.

Flußstahl gefüllt sind. Die Tiegel sind aus feuerfestem Ton (Schamotte) hergestellt. Sie bleiben etwa vier Stunden auf Schmelztemperatur im Ofen. Hierbei nehmen die Tiegelwandungen die Unreinigkeiten des Stahls teilweise in sich auf. Ein anderer Teil wird durch die hohe Temperatur abgeschieden und setzt sich auf der Oberfläche des Schmelzgutes als Schlacke ab. Die Tiegel sind oben verschlossen, so daß der Stahl keine Verunreinigungen aus den Heizgasen aufnimmt. Nach dem Schmelzen werden die Tiegel aus dem Ofen geholt, und der Inhalt wird in Kokillen entleert. Hier erstarrt der Stahl zu Blöcken, die unter dem Schmiedehammer oder im Walzwerk weiter verarbeitet werden. Das fertige Erzeugnis ist der Werkzeugstahl. Durch Zusätze von anderen Metallen, wie Nickel, Chrom, Wolfram usw. beim Schmelzen des Stahls erhält man den hiernach benannten Werkzeugstahl. Er dient zur Anfertigung von hochwertigen Werkzeugen aller Art.

Der Tiegelstahl läßt sich auch in Formen gießen. Daher der Name Gußstahl. Die Firma Krupp in Essen ist auf dem Gebiete der Gußstahlerzeugung bahnbrechend gewesen.

2. Elektrostahl. Elektrostahl wird im Elektrostahlofen gewonnen. Hier erzeugt man die zum Schmelzen erforderliche Hitze nicht durch Gas, sondern durch den elektrischen Strom. Abb. 8 zeigt einen Elektrostahlofen, bei dem die zum Schmelzen erforderliche hohe Temperatur durch einen Lichtbogen erzeugt wird, der zwischen zwei starken Kohlen übergeht, wenn der elektrische Strom hindurch geleitet wird. (Beispiel: Bogenlampe.) Ein solcher Ofen wird auch Lichtbogenofen genannt. Der Elektrostahl zeichnet sich durch große Reinheit aus und ist dem Tiegelstahl gleichwertig. Er findet Verwendung zur Anfertigung guter Werkzeuge. Elektrostahl wird

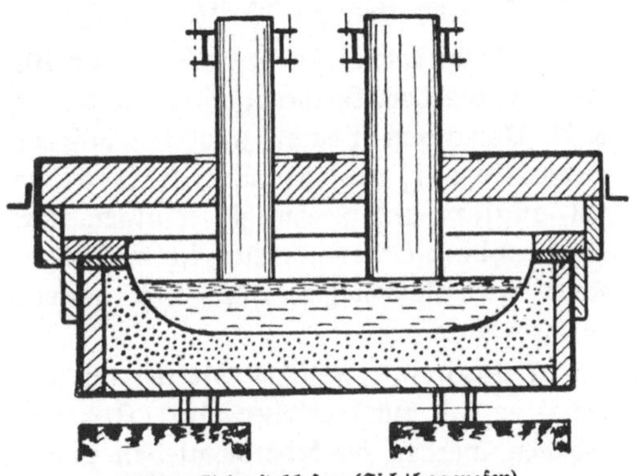

Abb. 8. Elektrostahlofen (Lichtbogenofen).

hauptsächlich in Ländern mit großen Wasserkräften und daher billiger elektrischer Stromversorgung gewonnen. (Amerika und Schweden.)

d) Werkzeugstahl.

1. Einteilung des Werkzeugstahls. Für gute Schneid- und Meßwerkzeuge wird, wie schon besprochen, nur Tiegelstahl und Elektrostahl benutzt. Man unterscheidet nun folgende Arten von Werkzeugstahl:

a) Kohlenstoffstahl. Dieses ist Stahl, der neben dem Eisen nur Kohlenstoff enthält. Der Gehalt an Kohlenstoff schwankt zwischen 0,5—1,5 %. Nach dem Gehalt an Kohlenstoff unterscheidet man: zähen, zähharten, mittelharten und harten Stahl. Zähen Stahl nimmt man für Stoß- und Schlagwerkzeuge, Hämmer, Meißel und Federn; zähharter und mittelharter Stahl eignet sich für Stanzen, Schnitte,

Gewindeschneidwerkzeuge, Kaliber, Fräser, Bohrer; harten Stahl verwendet man für Dreh- und Hobelstähle, Feilen.

Der Kohlenstoffstahl hat körnigen bis schuppigen Bruch. Das Bruchaussehen hängt davon ab, wie der Bruch erzeugt wurde. Beim Zerreißen zeigt er meist eine sehnige, schuppige, mattgraue Bruchfläche. Wird der Stahl jedoch mit einem Meißel leicht eingekerbt und dann gebrochen, so ist der Bruch körnig. Bei der Beurteilung der Qualität des Stahls auf Grund seiner Bruchfläche ist daher die Art des Bruches zu berücksichtigen.

b) Sonderstahl (legierter Stahl). Hierunter versteht man Werkzeugstahl, der neben Kohlenstoff noch andere Bestandteile wie Nickel, Chrom, Wolfram enthält (Nickelstahl, Chromstahl, Wolframstahl). Der legierte Stahl dient zur Herstellung von Werkzeugen, an die besonders hohe Anforderungen gestellt werden, z. B. Preßluftmeißel, Dreh- und Hobelstähle für Hartguß, Formstähle für Revolverdrehbänke usw. Ein viel gebrauchter Sonderstahl ist der sogenannte Schnellstahl. Es ist dies Chrom-Wolfram-Stahl mit etwas Kohlenstoffgehalt. Er zeichnet sich durch große Härte aus. Bei der Arbeit als Drehstahl z. B. kann er sich stark erwärmen, ohne seine Härte zu verlieren. Dadurch wird die Arbeitsleistung sehr gesteigert.

2. Bearbeiten des Werkzeugstahls.

a) Erwärmen. Zur Herstellung von Werkzeugen muß der Stahl oft mehrmals erwärmt werden. Hierbei ist besondere Vorsicht notwendig, damit der Stahl nicht verdirbt. Vor allem ist darauf zu achten, daß er nicht überhitzt und damit verbrannt wird. Er darf niemals über hellrot warm gemacht werden. Die Erwärmung soll langsam und gleichmäßig erfolgen. Das beste Brennmaterial zur Erwärmung des Stahls im Schmiedefeuer ist Holzkohle. Sie ist die reinste Kohle und erzeugt eine gleichmäßige Hitze. Oft verwendet man auch backende Schmiedekohle, seltener Koks.

b) Glühen. Durch das Glühen soll der Stahl möglichst weich gemacht werden, damit er sich gut bearbeiten läßt. Außerdem sollen die inneren Spannungen aufgehoben werden, die beim Schmieden und Walzen sowie bei sonstiger Bearbeitung des Stahls entstehen. Oft muß auch ein schon gehärtetes Werkzeug neu aufgearbeitet werden, z. B. Feilen. Dann glüht man das Werkzeug vorher aus.

Zum Glühen erwärmt man den Stahl langsam und gleichmäßig auf Kirschrotglut und läßt ihn dann langsam erkalten, indem man ihn in Sand oder Asche einbettet. Je langsamer der Stahl erkaltet, um so besser glüht er aus.

c) Härten. Erwärmt man Werkzeugstahl bis zur hellen Kirschrotglut und kühlt ihn dann plötzlich in einer Flüssigkeit, z. B. in Wasser ab, so wird er glashart, während er bei langsamer Abkühlung weich bleibt. Für den Grad der Härte ist der Kohlenstoffgehalt des Stahls maßgebend. Je höher derselbe ist, um so größer ist die Härtbarkeit. Bei einer Erwärmung auf helle Kirschrotglut nimmt aller Kohlenstoff im Stahl die Form von Härtungskohle an. Von der Plötzlichkeit der Abkühlung hängt es ab, ob mehr oder weniger Kohlenstoff in Form von Härtungskohle erhalten bleibt. Neben dem Kohlenstoff üben allerdings auch die Zusätze von Nickel, Wolfram, Chrom usw. einen wesentlichen Einfluß auf die härtbarkeit aus. Jeder dieser Stoffe wirkt auf den Stahl in anderer Weise ein. Sie vergrößern jedoch immer die Härte und die Festigkeit. Als Flüssigkeit zum Abkühlen des erhitzten Stahls benutzt man in der Regel Wasser, Öl oder Tran.

Werkzeuge aus Kohlenstoffstahl (Dreh- oder Hobelstähle, Meißel usw.) härtet man in Wasser, dem zur Verschärfung der Wirkung zuweilen etwas Salz- oder Schwefelsäure zugesetzt wird.

Werkzeuge, die vorspringende Zähne haben (Fräser, Reibahlen, Gewindebohrer usw.), werden in Wasser gekühlt, bis die Glut gelöscht ist. Dann bringt man sie in ein Ölbad.

Teile, die weniger Härte, aber mehr Federung haben sollen (Federn, Spannpatronen, Stanzen usw.), werden nur in Öl abgekühlt. Das gleiche trifft für sehr dünne Werkzeuge (Sägen) zu.

Eine mittlere Härte erhält man durch Abschrecken in Wasser, auf dem eine Ölschicht schwimmt. Diese überzieht das Werkzeug beim Eintauchen mit einer dünnen Schicht Öl und schützt es so vor dem Wasser.

Werkzeuge aus Schnellstahl härtet man durch einen scharfen, kalten Luftstrom, den man auf die erhitzte Stelle des Werkzeugs richtet.

d) Anlassen. Durch das Abschrecken des erhitzten Stahls erhält das Werkzeug neben großer Härte auch eine außerordentliche Sprödigkeit. In diesem Zustande ist es daher in der Regel nicht brauchbar. Die Härte muß ihm zum Teil wieder genommen werden, damit es eine gewisse Zähigkeit erlangt. Man erwärmt es deshalb nach dem Abschrecken nochmals auf eine Temperatur, die unter der Glühtemperatur liegt. Je wärmer es wird, um so mehr verliert der Stahl an Härtungskohle und um so weicher wird er. Dieses Erwärmen des schon gehärteten Stahls auf eine gewisse Temperatur nennt man Anlassen. Das Anlassen erfolgt auf verschiedene Weise.

1. Einfache Werkzeuge, wie Dreh- und Hobelstähle, Meißel, Stempel, Durchschläge usw. erhitzt man und schreckt nur die Schneide ab. Der hintere Teil der Werkzeuge besitzt dann noch genügend Wärme. Diese strömt allmählich nach der Schneide hin und führt ein Nacherwärmen derselben herbei. Das Vordringen der Wärme erkennt man an den Anlaßfarben, die auf der blank geriebenen Schneide des Werkzeugs erscheinen. Ist die gewünschte Anlaßfarbe erreicht, so unterbricht man das Fortschreiten der Wärme durch Abkühlen in Wasser oder Öl.

Nachstehende Tabelle gibt die Anlaßfarbe für verschiedene Werkzeuge an:

Anlaßfarbe	Werkzeuge
Blaßgelb	Meßwerkzeuge
Strohgelb	Dreh- und Hobelstähle, Meißel für harte Materialien
Goldgelb	Fräser, Reibahlen, Gewindebohrer
Purpur	Werkzeuge für Holzbearbeitung
Violett	Schrotmeißel, Gesteinbohrer
Hellblau	Federn
Dunkelblau	Hämmer, Döpper, Gesenke

2. Werkzeuge, wie Fräser, Reibahlen, Gewindebohrer, Spiralbohrer, Matrizen usw. schreckt man vollständig ab. Zum Anlassen wird ihnen dann die erforderliche Wärme in der Regel durch Kohlen= oder Gasfeuerung, Auflegen auf eine erhitzte Eisenplatte, heiße Luft usw. wieder zugeführt. Größere und wertvollere Werkzeuge bringt man zum Anlassen in erhitzte Öl=, Salz= oder auch Metallbäder. Ist die gewünschte Anlaßfarbe erreicht, so kühlt man in Wasser oder Öl ab.

Werkzeuge aus Schnellstahl brauchen nicht angelassen zu werden.

e) Zementstahl.

Nach den bisher besprochenen Verfahren wird der Stahl aus dem Roheisen gewonnen. Man kann jedoch auch aus Schmiedeeisen Stahl erzeugen, und zwar durch Zuführen von Kohlenstoff. Dieser Vorgang wird Zementieren genannt. Den erhaltenen Stahl bezeichnet man mit Zementstahl.

Das Zementieren vollzieht sich in folgender Weise: Flacheisenstäbe von 10 bis 20 mm Dicke und 50—100 mm Breite werden in feuerfesten Kästen zwischen zerkleinerter Holzkohle verpackt. Das Ganze wird in besonderen Öfen 8—12 Tage auf Rotglut erhitzt. Dadurch findet eine Wanderung des Kohlenstoffs aus der Holzkohle in das Eisen statt. Diese Wanderung setzt sich allmählich bis in das Innere der Stäbe fort. Sie verwandeln sich so in Stahl mit etwa 0,8—1,5 % Kohlenstoffgehalt. Nach dem Erhitzen läßt man die Kästen mit ihrem Inhalt in 5—6 Tagen langsam erkalten.

Der so hergestellte Zementstahl wird meist noch verbessert. Er enthält nämlich Schlackenteile und sonstige Verunreinigungen, die entfernt werden müssen. Außerdem ist der Kohlenstoff nicht in allen Teilen gleichmäßig verteilt. Er erfordert eine Ausgleichung. Zu diesem Zweck vereinigt man mehrere Rohstäbe zu einem Paket oder einer Garbe. Dann werden sie auf Weißglut erhitzt und unter dem Schmiedehammer oder der Schmiedepresse bearbeitet. Hierdurch wird die Schlacke ausgepreßt, und der Kohlenstoff verteilt sich gleichmäßig. Zementstahl, der auf diese Weise verbessert wird, heißt auch Gärbstahl. Das Gärben wird jedoch nur dann angewandt, wenn zum Zementieren Schweißeisen oder Schweißstahl benutzt wurde. Zementstahl aus Flußeisen wird nicht gegärbt, sondern durch Umschmelzen in Tiegeln gleichmäßiger gemacht (Tiegelstahl, S. 16).

Das Zementieren findet noch eine weitere Anwendung:

Maschinenteile, die starken Stößen und großem Verschleiß ausgesetzt sind, fertigt man nicht aus hartem Stahl, sondern aus Schmiedeeisen oder weichem Stahl an und zementiert sie. Solche Teile sind z. B. Kreuzkopfzapfen, Kurbelzapfen, Walzen, Automobilteile usw. Durch das Zementieren wird nur der äußeren Schicht Kohlenstoff zugeführt, wodurch diese Schicht härter wird. Der Kern bleibt weich und zähe. Solche Werkstücke brechen nicht so leicht, als wenn sie ganz aus Stahl angefertigt wären.

Zum Zementieren werden die Werkstücke in eisernen Kästen verpackt und mit einem Stoff umgeben, der kohlenstoffreich ist. Solche Stoffe sind: Holzkohle, Knochen=

kohle, Lederkohle. Die Kästen werden mit einem Deckel verschlossen und gut mit Lehm abgedichtet. Dann erhitzt man sie mehrere Tage auf Rotglut. Nachdem die Kästen aus dem Ofen geholt sind, läßt man sie langsam erkalten. Darauf werden die Werkstücke herausgenommen und gereinigt. Will man eine glasharte Oberfläche haben, so muß die zementierte Schicht noch gehärtet werden. Die Werkstücke werden dann nochmals auf Rotglut erhitzt und in einer Flüssigkeit abgekühlt (Härten, S. 18). Einfache Teile bringt man sofort aus der Rotglut des Kastens in das Kühlbad.

Sollen kleinere Flächen, z. B. Kopf- und Druckenden von Schrauben zementiert werden, so kann man dies auch ohne Einpacken und Erhitzen in Kästen erreichen. Die Teile werden einfach auf Rotglut erhitzt und dann in ein Pulver von Blutlaugensalz (Kali) getaucht. Dann werden sie nochmals kurz erhitzt und abgeschreckt.

Zusammenfassung.

Die Abb. 9 zeigt noch einmal die ganzen Zusammenhänge aller besprochenen Vorgänge und ihrer Erzeugnisse: Erz, Koks und Zuschläge liefern unter Windzutritt

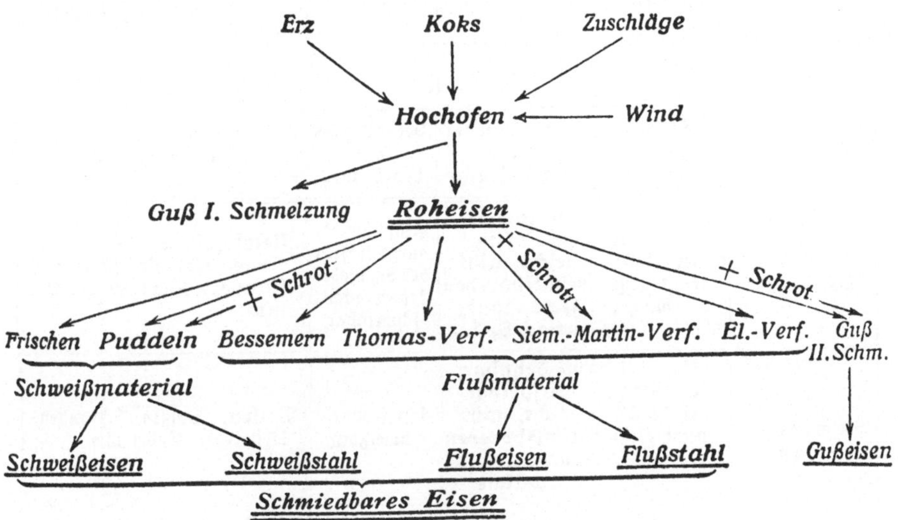

Abb. 9. Übersicht über die wichtigen Eisenarten.

im Hochofen das Roheisen. Von diesem wird ein kleiner Teil in die endgültige Form gegossen. Die große Masse wird aber umgewandelt a) im Puddelofen zu Schweißeisen und Schweißstahl, b) in der Birne, im Siemens-Martin-Ofen oder im elektrischen Ofen zu Flußeisen und Flußstahl, und schließlich c) im Kupolofen unter Zusatz von Schrot zu Gußeisen. (Vgl. S. 42.)

In folgenden Tabellen sind die wichtigsten Eigenschaften und Unterschiede für Gußeisen, Schmiedeeisen und Stahl übersichtlich zusammengestellt.

I.

Material	Kohlenstoffgehalt	Bruchfläche	Härte	Spez. Gewicht	Roh- und Handelsform
1. Gußeisen	ist hoch: 3—5%	dunkelgrau und grobkörnig	große Härte	7,2	Roheisenmasseln
2. Schmiedeeisen	ist niedrig: 0,05—0,5%	hellgrau und feinkörnig	geringere Härte	7,9	Walzeisen: (Flach-, Vierkant-, Rundeisen). Profileisen: Winkeleisen, T-, I-, U-Eisen usw.
3. Stahl	ist höher als beim Schmiedeeisen: 0,5—1,5%	hellgrau, sehr feinkörnig, samtartig	härtbar	7,8	Werkzeugstahl: (Flach-, Vierkant-, Rundstahl). Maschinenstahl in Stäben, Knüppeln und Blöcken

II.

Material	Schmelzbarkeit, Gießbarkeit	Verhalten bei Kaltbearbeitung	Verhalten bei Warmbearbeitung	Arbeitsstücke
1. Gußeisen	schmelzbar bei 1200°, leicht gießbar	ist spröde, zerspringt leicht, gibt beim Abdrehen feine, sandartige Späne	nicht schmiedbar, mit Hilfe des Schmiedefeuers nicht schweißbar	Riemscheiben, Zahnräder, Lager, Konsolen, Maschinenständer, Fundamentplatten usw.
2. Schmiedeeisen	schmelzbar bei 1600°, nicht gießbar	ist dehnbar, zerspringt nicht, gibt beim Abdrehen lange, gerollte Spähne	schmiedbar, schweißbar	Wellen, Bolzen, Schrauben, Muttern, Hebel usw.
3. Stahl	schmelzbar bei 1400°, gießbar	ist wenig dehnbar, gibt beim Abdrehen gerollte Späne	schmiedbar, schwer schweißbar	Werkzeuge: Meißel, Fräser, Durchschläge, Körner, Feilen, Bohrer, Gewindebohrer, Reibahlen, Drehstähle, Hobelstähle, Schnitt- und Stanzwerkzeuge, Scherenmesser. Maschinenteile: Wellen, Kurbelwellen, Pleuelstangen, Schienen, Eisenbahnräder usw.

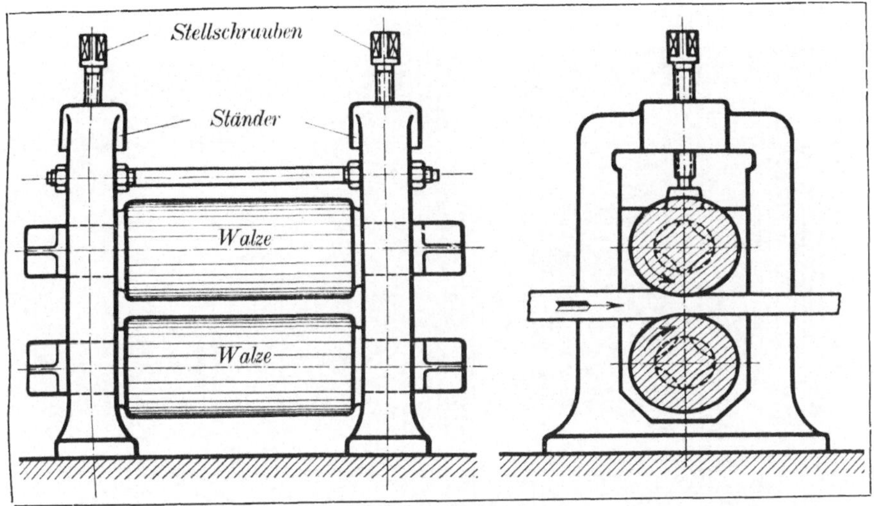

Abb. 10. Walzwerk.

5. Das Walzwerk.

a) Beschreibung und Wirkungsweise.

Die Eisen- und Stahlblöcke, wie sie durch das Bessemer-Thomas- oder Siemens-Martin-Verfahren gewonnen werden, sind für die Werkstätte noch nicht gebrauchsfertig. Sie müssen zunächst einer weiteren Bearbeitung unterworfen werden, damit sie eine zweckmäßige Form erhalten. Während Stahlblöcke meist durch Schmieden oder Pressen weiter bearbeitet werden, bringt man die Eisenblöcke in der Hauptsache durch Walzen auf die gewünschte Form.

Das Walzen geschieht in Walzwerken. Dies sind Maschinen, die im wesentlichen aus zwei oder drei Walzen bestehen, welche wagerecht übereinander liegen. Die Walzen sind aus Gußeisen oder Stahl hergestellt und in eisernen Ständern gelagert (Abb. 10).

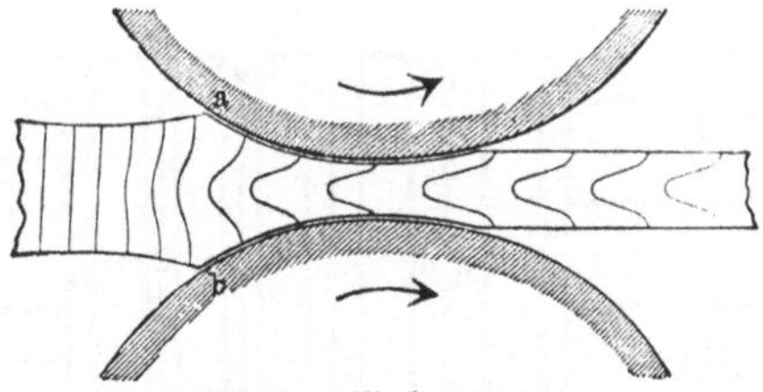

Abb. 10a. Walzvorgang.

In der Regel stehen mehrere solcher Walzwerke nebeneinander. Sie werden von einer Kraftmaschine, z. B. einer Dampfmaschine, angetrieben. Die Dampfmaschine treibt eine Welle, auf der ein Zahnrad sitzt. Von diesem wird die Bewegung durch weitere Zahnräder auf die Walzen übertragen. Die einzelnen, nebeneinanderstehenden Walzwerke sind durch Kupplungen miteinander verbunden.

Das Eisen, welches gewalzt werden soll, erhitzt man auf helle Rotglut. Dann wird es zwischen die Walzen geschoben, welche sich in entgegengesetzter Richtung drehen. Infolge der Reibung zwischen den Walzen wird es erfaßt und zwischen ihnen hindurchgeführt (Abb. 10). Dadurch wird das Eisen zusammengedrückt und gestreckt (Abb. 10a).

Abb. 10 b. Blechwalzwerk.

Zum Walzen von Blechen und Blöcken sind die Walzen glatt (Abb. 10 und Abb. 10 b). Sie haben dann zwischen sich einen Abstand, welcher der gewünschten Stärke entspricht. Der Abstand läßt sich durch Stellschrauben verändern.

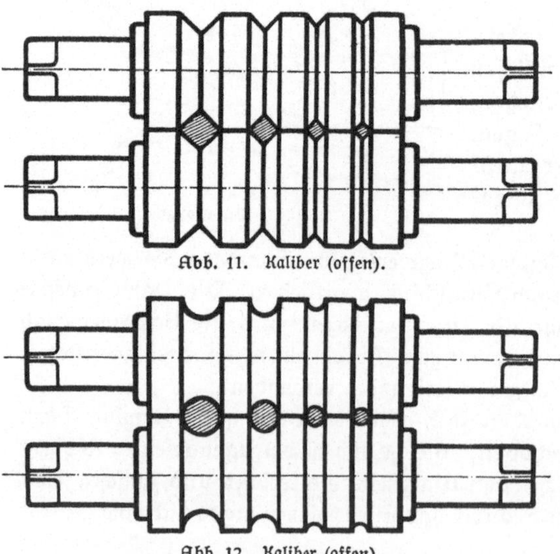

Abb. 11. Kaliber (offen).

Abb. 12. Kaliber (offen).

Beim Walzen von Stab- und Profileisen benutzt man gefurchte Walzen. Die Furchen werden Kaliber genannt. Die Kaliber verjüngen sich stufenweise, bis die gewünschte Form erreicht ist (Abb. 11 u. 12). Man unterscheidet offene und geschlossene Kaliber. Die offenen Kaliber (Abb. 11 u. 12) öffnen sich an der Seite, wenn man die Walzen voneinander entfernt. Geschlossene Kaliber öffnen sich seitlich nicht, wenn die Walzen nur wenig voneinander entfernt werden. Abb. 13 zeigt ein geschlossenes I-Eisenkaliber.

b) Arten der Walzwerke.

Nach der Anordnung der Walzen unterscheidet man:

1. **Das Duowalzwerk** (Abb. 14). Es besteht aus zwei Walzen, einer Ober= und einer Unterwalze. Diese Anordnung ist die einfachste. Der Betrieb des Walz= werks wird jedoch dadurch umständlich, daß man das Walzstück nach jedem Durch=

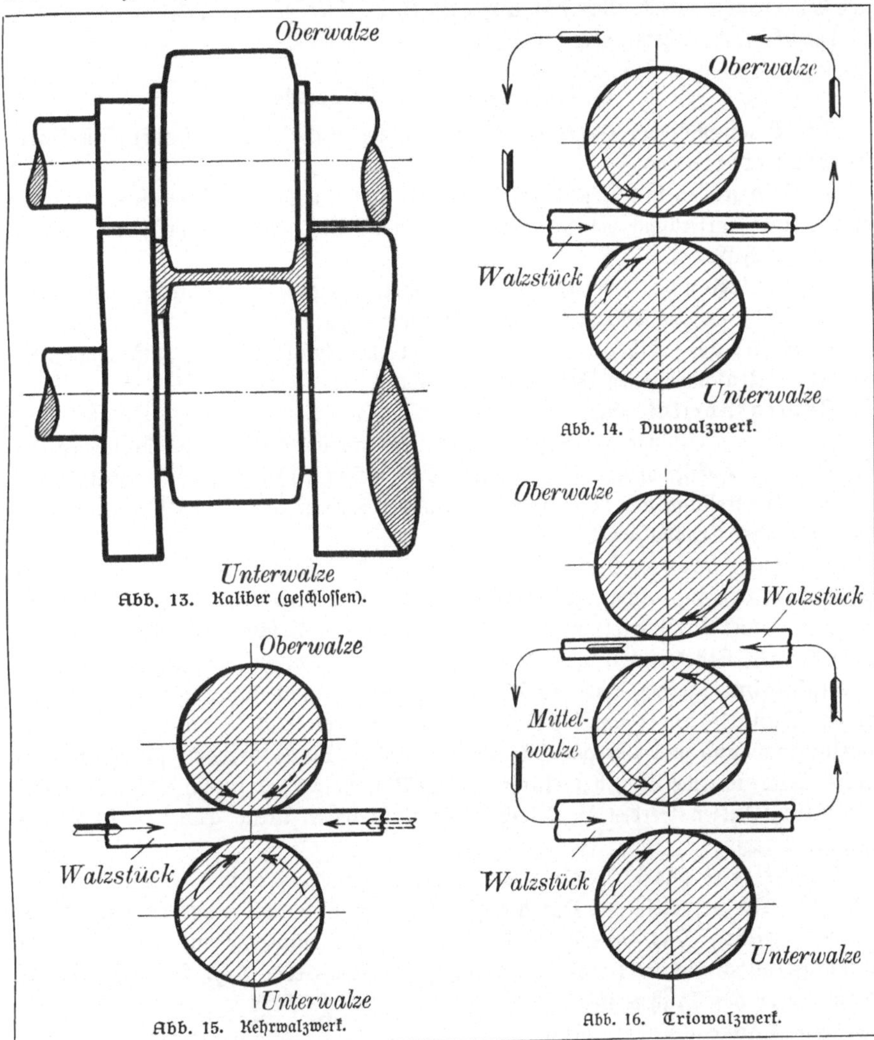

Abb. 13. Kaliber (geschlossen).

Abb. 14. Duowalzwerk.

Abb. 15. Kehrwalzwerk.

Abb. 16. Triowalzwerk.

gang über die Oberwalze hinwegheben muß. Man wendet daher das Duowalzwerk nur für leichtere Arbeiten an.

2. **Das Kehrwalzwerk** (Reversierwalzwerk, Abb. 15). Es ist ein Duowalzwerk, bei dem die Umlaufrichtung der Walzen nach jedem Materialdurchgang umgekehrt wird. Hierdurch kann das Walzstück auch von der Gegenseite durch die Walzen geschickt

werden, wodurch ein hinwegheben über die Oberwalze fortfällt. Das Kehrwalz werk wird zum Walzen schwerer Blöcke angewandt.

3. Das Triowalzwerk (Abb. 16). Es besteht aus drei Walzen. Die obere und untere Walze haben gleiche Drehrichtung, die mittlere läuft entgegengesetzt. Das Walzstück geht nun durch Unter= und Mittelwalze hindurch und dann durch Mittel= und Oberwalze zurück. Man hat auf diese Weise einen geringen Zeitverlust, da das Walzstück nur zu heben oder zu senken ist.

c) Erzeugnisse des Walzwerks.

Die Erzeugnisse des Walzwerks teilt man ein in Halb= und Fertigfabrikate. Halbfabrikate sind:

1. Brammen mit rechteckigem und Blöcke mit quadratischem Querschnitt. Sie dienen zur Herstellung von schweren Maschinenteilen, wie Kurbelwellen, Pleuel= stangen, Schiffswellen usw.

2. Platinen von rechteckigem, mehr plattenförmigem Querschnitt. Man braucht sie ebenfalls zur Herstellung schwerer Maschinenteile.

3. Knüppel (Stäbe) von quadratischem Querschnitt, die zur Anfertigung von leichteren Maschinenteilen Verwendung finden.

Fertigfabrikate sind:

a) Stabeisen (Quadrat=, Rund=, Flach=, Sechskanteisen usw.), b) Profileisen (L=, T=, I=, ⊔ =, Z=Eisen usw.), c) Schienen und Schwellen, d) Bleche, e) Draht, f) Rohre.

Zur Herstellung von Stabeisen, Profileisen, Schienen und Schwellen benutzt man meistens das Triowalzwerk.

Bleche werden im Duowalzwerk gewalzt. Die Walzen stellt man nach jedem Materialdurchgang etwas näher zusammen, bis die richtige Blechstärke erreicht ist. Bei einer Blechstärke von 5—40 mm heißen die Bleche Grobbleche. Bleche unter 5 mm Stärke nennt man Feinbleche. Beim Walzen von Feinblechen ist die Dickenabnahme gering, und die Walzen lassen sich nicht mehr genau genug ver= stellen. Dann doppelt man die Bleche; d. h. man legt 2, 4, 8 oder auch 16 Bleche aufeinander und walzt sie gemeinsam aus. Dünne Bleche werden ziemlich kalt ge= walzt. Das warme Blech hat einen großen Materialverlust durch Abbrand. Durch das kalte Walzen werden die Bleche allerdings hart. Man glüht sie dann zwi= schendurch aus.

Draht wird aus Knüppeln bis zu einem kleinsten Durchmesser von 5 mm ge= walzt. Draht von kleinerem Durchmesser wird mit Hilfe von Zieheisen gezogen (ge= zogener Draht). Das Zieheisen besteht aus einer Stahlplatte mit einer konischen Öffnung, durch die der Draht hindurchgezogen wird (Abb. 17). Dadurch wird der Durchmesser des Drahtes kleiner, und seine Länge nimmt zu. Man benutzt dann immer kleinere Zieh= eisen, bis die gewünschte Stärke des Drahtes erreicht ist.

Rohre werden auch durch Walzen hergestellt. Das bekann=

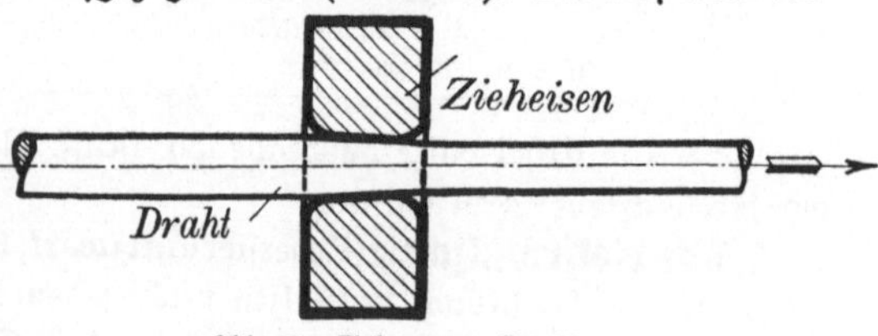

Abb. 17. Ziehen von Draht.

tefte Verfahren hierfür ift das von Mannesmann. Mannesmannrohre find naht=
lofe Rohre. Sie eignen fich für hohen Druck.

Außerdem findet die Herftellung von Rohren durch Ziehen ftatt. Zu diefem
Zweck werden Flacheifenftrei= fen auf Rotglut erhitzt, durch ein Zieheifen gezogen und hierbei gerollt (Abb. 18). Die Breitedesflach=

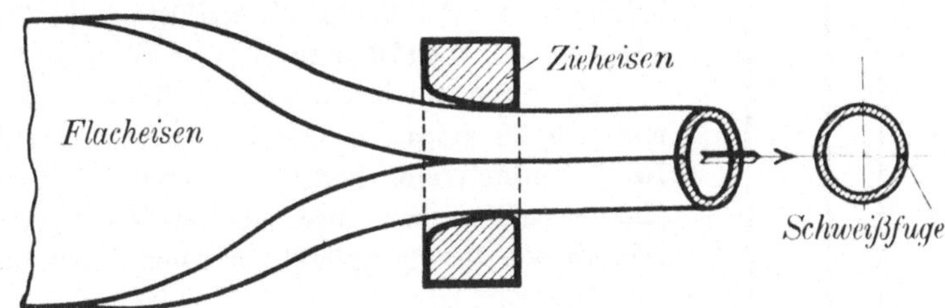

Abb. 18. Ziehen von Rohren.

eifens entfpricht dem Umfange des gewünfchten Rohres. In der entftehenden Längs=
naht werden die Rohre zufammengefchweißt. Derartig hergeftellte Rohre werden
für Gasleitungen und ähnliche Zwecke gebraucht, wo fie einen geringen Druck aus=
zuhalten haben.

B. Die Herftellung der Werkftücke.

1. Das Schmieden.

a) Allgemeines.

Die für eine Mafchine erforderlichen Einzelteile oder Werkftücke werden teils
durch Gießen in Formen, teils durch Schmieden hergeftellt. Im erfteren Falle er=
hält man Gußftücke, im letzteren Schmiedeftücke.

Zur Herftellung der Schmiedeftücke dient das Schmiedeeifen. Es ift fehr dehn=
bar, d. h. es läßt fich durch entfprechende Bearbeitung in beliebige Formen brin=
gen. Es gibt Metalle, die fchon in kaltem Zuftande fehr dehnbar find, z. B. Blei.
Schmiedeeifen ift zwar auch in kaltem Zuftande dehnbar und läßt fich kalt biegen.
In höherem Maße dehnbar wird es jedoch erft in warmem Zuftande. Man
erhitzt es deshalb zur Formgebung in der Regel auf helle Rotglut. Den Arbeits=
vorgang hierbei nennt man Schmieden.

b) Vorrichtungen zum Erwärmen der Schmiedeftücke.

Kleinere und mittlere Schmiedeftücke werden im Schmiedefeuer erwärmt.
Große Arbeitsftücke erwärmt man in einem fog. Schweißofen. Die feftftehen=
den Schmiedefeuer find je nach ihrer Anordnung:

1. Wandfeuer, die an einer Wand der Werkftatt angeordnet find,

2. freiftehende Feuer, die frei in der Werkftatt ftehen. Sie haben den Vorteil,
   daß fie insbefondere bei fperrigen Arbeitsftücken leichter zugänglich find. Eine
   befondere Art der freiftehenden Feuer ift das Rundfeuer. Es hat feinen Namen
   nach der runden Bauart und ift befonders gut von allen Seiten zugänglich.

Auf Montagen kommen bewegliche Schmiedefeuer zur Verwendung. Man nennt sie Feldschmieden.

Abb. 19 zeigt ein Wandfeuer, wie es in vielen Betrieben gebraucht wird. Die Hauptteile desselben sind: Der Herd oder die
Esse, die Windzuführung und die Rauchgasableitung.

Der Herd wird entweder in Mauerwerk ausgeführt oder,
wie Abb. 19 zeigt, in Gußeisen. Als Brennstoff wird in der
Regel schwefelfreie, backende Steinkohle benutzt (Nuß III). Bei
schweren Stücken verwendet man den festen Hüttenkoks. Zum Erwärmen von Werkzeugstahl sowie zum Löten dient die Holzkohle.

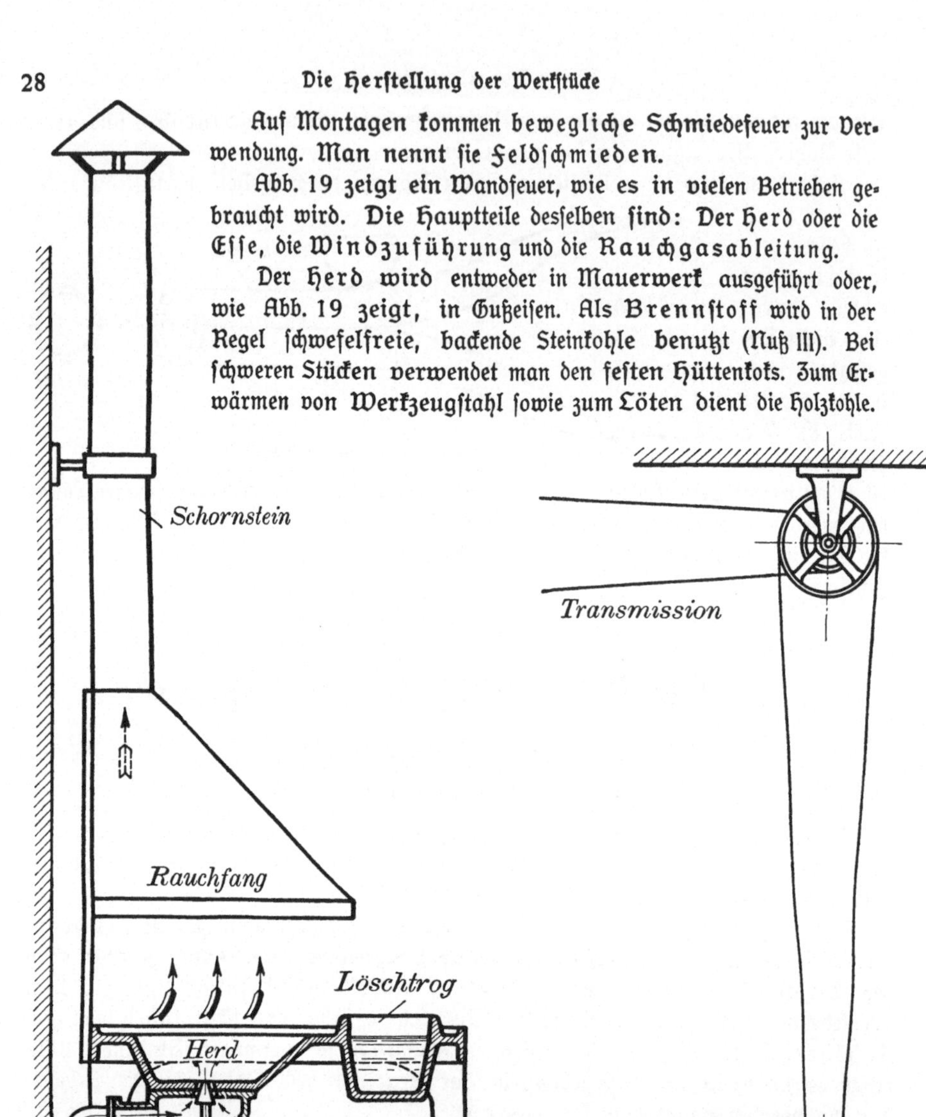

Abb. 19. Schmiedefeuer.

Beim Erwärmen eines Schmiedestückes deckt der Schmied es or-
dentlich mit Kohlen zu. Diese Kohlendecke muß er möglichst lange vor
dem Verbrennen schützen, damit die Hitze im Innern des Feuers festgehalten wird.
Er erreicht dies durch Aufspritzen von Wasser aus dem Löschtrog (Abb. 19).

Die **Windzuleitung** bringt dem Brennstoff den erforderlichen Wind (Sauerstoff). Dieser wird entweder durch einen Blasebalg, durch ein Kapselgebläse oder durch einen Ventilator (Abb. 19) erzeugt. In größeren Betrieben ist fast allgemein der Ventilator im Gebrauch. Den Blasebalg findet man nur noch in kleinen Werkstätten.

Der **Rauchfang** leitet die Gase durch einen Schornstein ins Freie. In größeren Schmieden werden die Rauchgase durch einen Exhaustor abgesaugt.

c) Die Werkzeuge zum Schmieden.

Die wichtigsten Werkzeuge zum Schmieden sind **Hammer** und **Amboß**. Mit dem Hammer werden Schläge ausgeführt. Dadurch wird eine Formveränderung des Schmiedestückes erzielt. Hämmer bis zu 2 kg Gewicht bezeichnet man als **Handhämmer** (Abb. 20), darüber hinaus bis zu 12 kg als **Vorschlaghämmer**. Man unterscheidet bei einem Hammer die **Bahn** und die **Finne**. Beide sind in der Regel aus Stahl hergestellt, während der mittlere Teil des Hammers aus Eisen besteht. Die Hammerbahn ist schwach gewölbt, um scharfkantige Eindrücke zu vermeiden. Die Finne ist eine gut abgerundete Schneide. Sie steht entweder rechtwinklig oder parallel zum Hammerstiel (Abb. 20 u. 21). Steht sie parallel zum Stiel, so heißt der Hammer **Kreuzschlag** (Abb. 21).

Der Hammer kann nur dann eine Wirkung ausüben, wenn das Werkstück auf einer festen Unterlage aufliegt. Diese feste Unterlage erhält es durch den **Amboß** (Abb. 22). Er besteht aus einem Eisenblock, der von oben gesehen eine rechteckige Form hat, an die sich in der Längsrichtung meistens zwei Hörner anschließen. Das eine ist viereckig, das andere ist rund. Auf einer Seite des Ambosses ist in der Regel ein sogenannter „Stauch" oder „Stauchklotz" für Staucharbeiten vorgesehen. Die obere Amboßfläche nennt man **Amboßbahn**. Bahn und Hörner sind verstählt, damit sie nicht so leicht uneben werden. Die Bahn hat meistens eine viereckige Öffnung zum Einsetzen von Gesenkstücken und eine runde Öffnung, die beim Lochen gebraucht wird. Der Amboß wird auf dem Amboßstock befestigt. Dieser besteht aus Eichenholz, Gußeisen oder Beton und ist etwa 1 m tief in die Erde eingelassen. Die Amboßbahn liegt in Arbeitshöhe, ungefähr $^3/_4$ m über der Werkstattsohle.

Außer Hammer und Amboß werden beim Schmieden noch folgende Werkzeuge gebraucht:

1. Die **Zange** (Abb. 23 bis 26). Sie dient zum Anfassen der Schmiedestücke. Das Maul der Zange hat eine Form, die sich dem jeweiligen Arbeitsstück anpaßt. Zum Festhalten des Arbeitsstückes wird vielfach ein Spannring über die Zangenschenkel geschoben. Dadurch läßt sich die Zange mit dem Schmiedestück leichter handhaben.

2. Die **Gesenke** (Abb. 27 u. 28). Sie bestehen aus Unter- und Obergesenk und dienen dazu, dem Schmiedestück eine bestimmte Form zu geben, z. B. eine runde oder eine viereckige Form. Durch die Benutzung der Gesenke wird das Werkstück sauber vorgearbeitet und eine Nacharbeit durch Drehen, Hobeln, Feilen usw. entweder überflüssig gemacht oder wenigstens verringert.

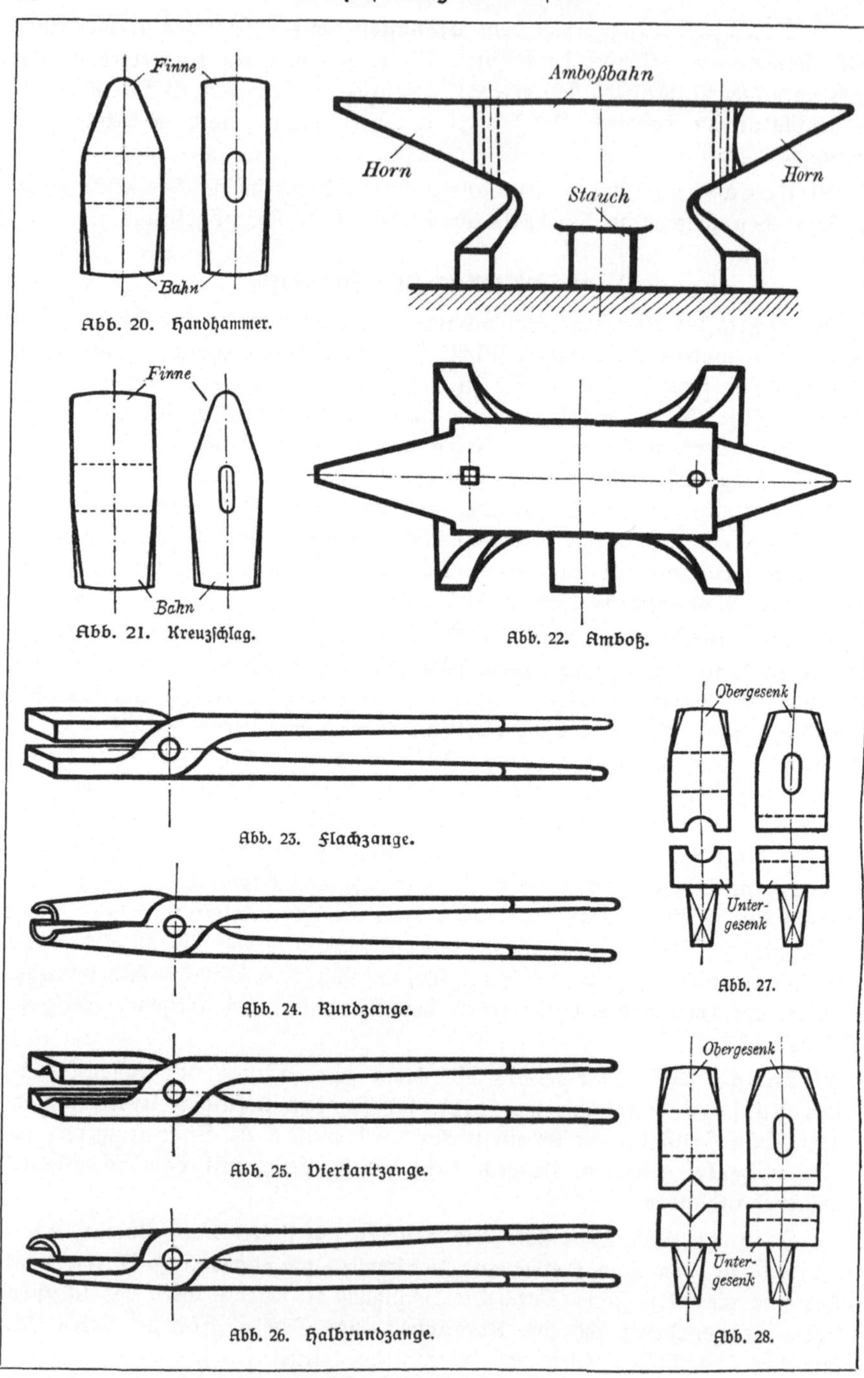

Abb. 20. Handhammer.

Abb. 21. Kreuzschlag.

Abb. 22. Amboß.

Abb. 23. Flachzange.

Abb. 24. Rundzange.

Abb. 25. Vierkantzange.

Abb. 26. Halbrundzange.

Abb. 27.

Abb. 28.

3. Der Setzhammer und der Setzstock (Abb. 29 u. 30). Sie ermöglichen ein genaues Absetzen des Schmiedestückes an einer bestimmten Stelle.

4. Der Ballhammer (Abb. 31). Er wird zum Glätten von Hohlkehlen, Ausrundungen u. dgl. benutzt.

5. Der Schlichthammer (Abb. 32). Er dient zum Schlichten größerer Flächen.

6. Der Schrotmeißel und der Abschrot (Abb. 33 u. 34).

Sie werden zum Abhauen der Werkstücke auf die erforderliche Länge gebraucht. Man unterscheidet Warm=Schrotmeißel und Kalt=Schrotmeißel. Ersterer hat eine ziemlich schlanke Schneide, letzterer ist kurz abgeschärft, damit er auf dem kalten Material besser hält.

7. Der Durchtreiber (Abb. 35 u. 36).

Der Durchtreiber ist entweder quadratisch oder rund. Er dient zum Lochen von Werkstücken in warmem Zustande. Hierbei wird eine gelochte Platte als Unterlage benutzt. Bei kleineren Lochungen dient oft der Amboß mit seiner runden oder quadratischen Öffnung als Unterlage.

d) Die wichtigsten Schmiedearbeiten.

Die Schmiedearbeiten werden meist von einem Schmied und von einem oder

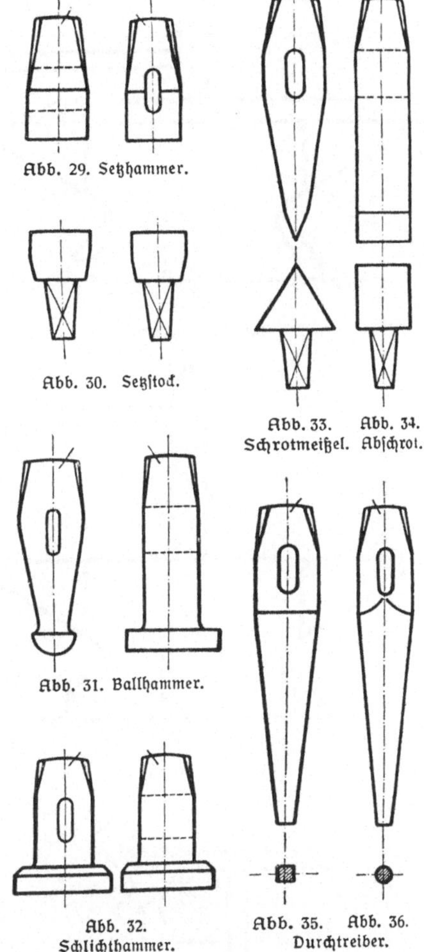

Abb. 29. Setzhammer.

Abb. 30. Setzstock.

Abb. 33. Abb. 34.
Schrotmeißel. Abschrot.

Abb. 31. Ballhammer.

Abb. 32.
Schlichthammer.

Abb. 35. Abb. 36.
Durchtreiber.

mehreren Zuschlägern ausgeführt. Sobald das Arbeitsstück genügend erhitzt ist, zieht der Schmied dasselbe aus dem Feuer heraus und legt es auf den Amboß. Dann beseitigt er durch Aufschlagen auf den Amboß, Schaben oder Abkratzen die anhaftende Schlacke und den Hammerschlag. Zum Abkratzen benutzt er den Handhammer oder ein besonderes Kratzeisen. Dann erfolgt die Bearbeitung auf dem Amboß. Der Schmied gibt mit dem Handhammer die Stelle an, auf die der Zuschläger schlagen soll. Schlägt der Schmied stark oder schwach, so muß auch der Zuschläger entsprechend zuschlagen.

Die wichtigsten Schmiedearbeiten sind:

1. Das Strecken (Abb. 37). Beim Strecken wird der Querschnitt des Werkstückes verringert und die Länge vergrößert. Der Schmied arbeitet hierbei meist mit der Hammerfinne, während der Zuschläger mit der Bahn des Vorschlaghammers zuschlägt.

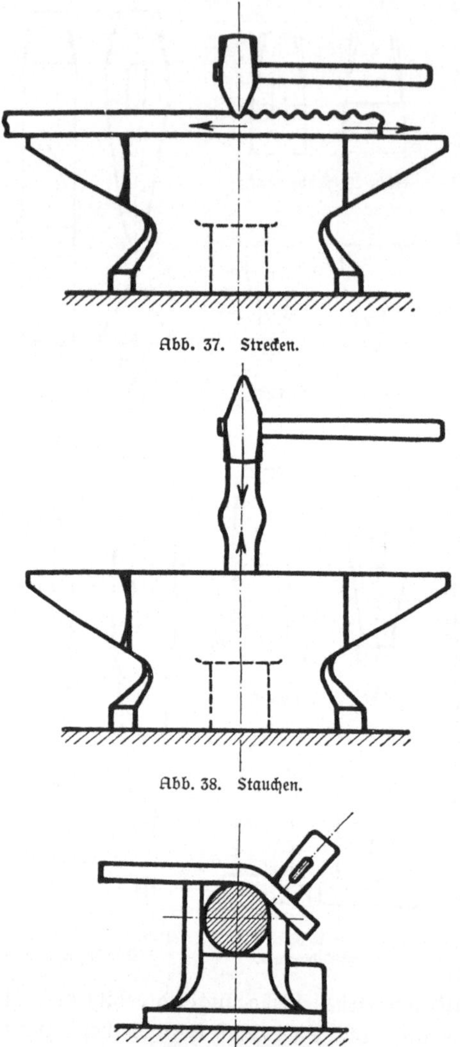

Abb. 37. Strecken.

Abb. 38. Stauchen.

Abb. 39. Rollen.

2. Das Stauchen (Abb. 38). Durch das Stauchen wird der Querschnitt des Werkstückes an einer bestimmten Stelle vergrößert. Die Länge verringert sich hierbei. Beim Stauchen wird das Arbeitsstück nur an der Stelle erhitzt, die verdickt werden soll. Ist ein Schmiedestück etwas vom Ende entfernt zu stauchen, so kühlt man das miterhitzte Ende vorher im Wasser ab.

3. Das Rollen (Abb. 39). Es erfolgt in der Regel auf dem Amboßhorn.

4. Das Biegen (Abb. 40). Scharfkantige Biegungen führt der Schmied an der Ecke des Ambosses aus. Hierbei setzt der Zuschläger den Vorschlaghammer auf, während der Schmied mit dem Handhammer die Biegungen vornimmt.

5. Das Absetzen (Abb. 41 u. 42). Hat der Schmied einen zweiseitigen Absatz herzustellen, so legt er das erhitzte Stück auf die Amboßkante oder auf den Setzstock und setzt den Setzhammer auf (Abb. 41). Der Zuschläger schlägt mit dem Vorschlaghammer auf den Setzhammer, wodurch ein Absetzen erreicht wird. Ist das Arbeitsstück nur einseitig abzusetzen, so genügt ein Auflegen auf die Amboßkante. Der Setzhammer ist dann nicht notwendig (Abb. 42).

6. Das Abschroten (Abb. 43). Der Abschrot wird in den Amboß eingesetzt. Die Stelle, an der das Schmiedestück getrennt werden soll, legt der Schmied auf den Abschrot und setzt den Schrotmeißel auf. Durch den Vorschlaghammer wird dann das Abschroten herbeigeführt.

7. Das Warmlochen ist in Abb. 44 dargestellt.

8. Das Arbeiten in Gesenken zeigt Abb. 45.

9. Das Schweißen. Unter Schweißen versteht man die Verbindung zweier Schmiedestücke in großer Hitze. Es ist eine der wichtigsten Schmiedearbeiten. Nicht alle Metalle lassen sich schweißen. Schmiedeeisen und Stahl lassen sich gut schweißen.

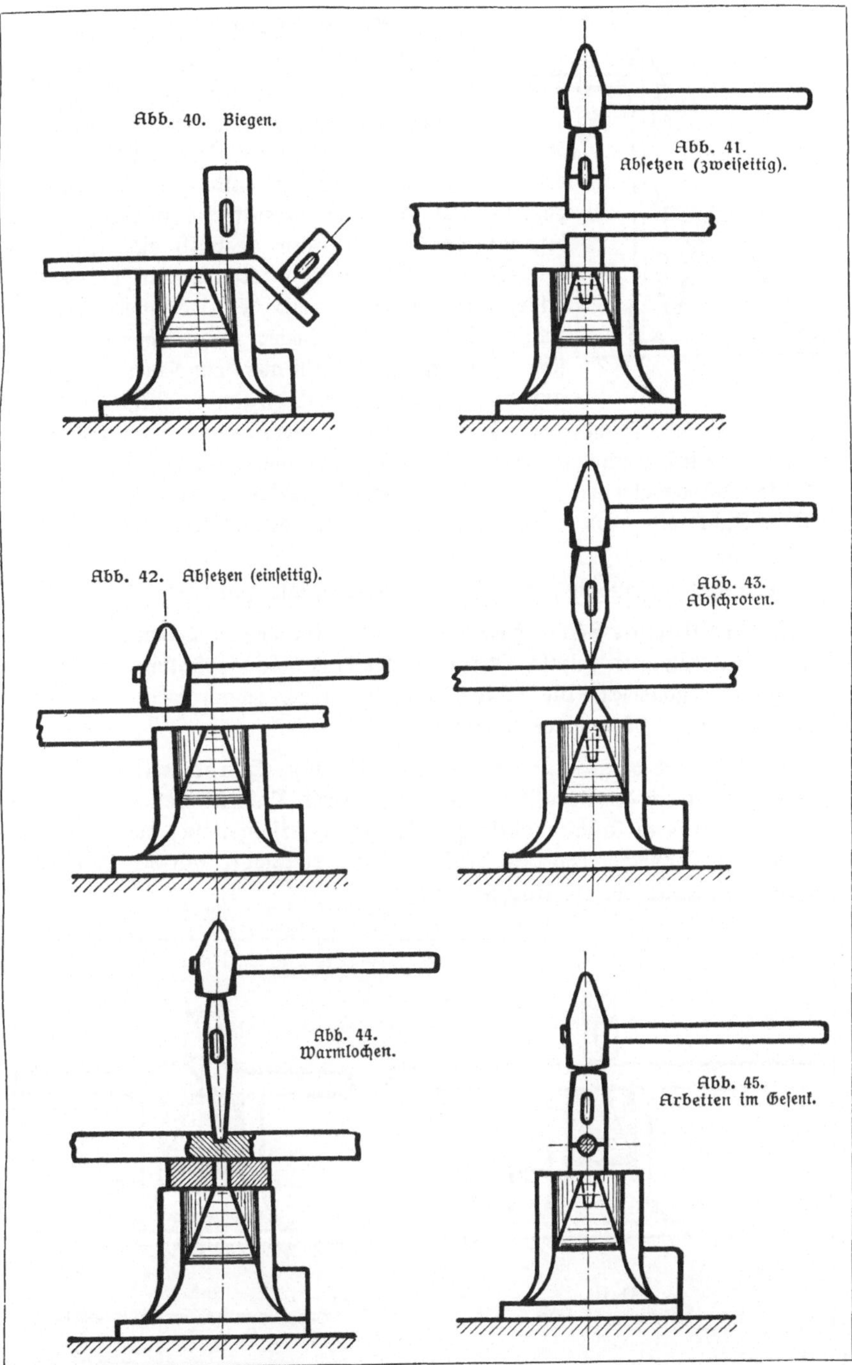

Abb. 40. Biegen.
Abb. 41.
Abfetzen (zweifeitig).
Abb. 42. Abfetzen (einfeitig).
Abb. 43.
Abfchroten.
Abb. 44.
Warmlochen.
Abb. 45.
Arbeiten im Gefenk.

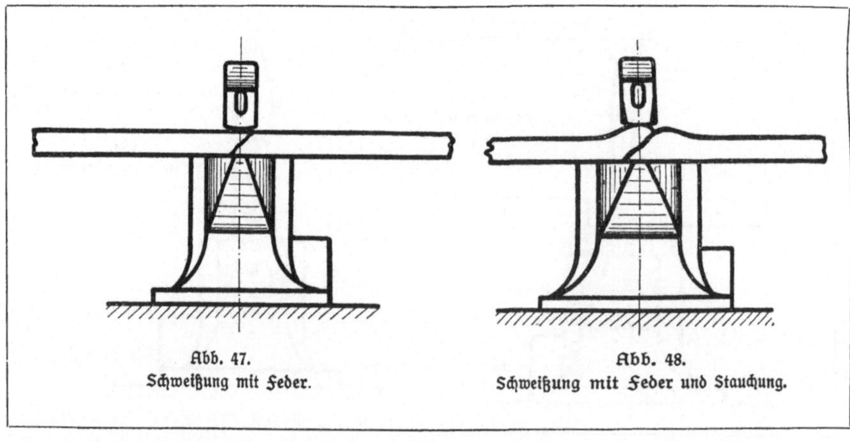

Beim Schweißen geht der Schmied folgendermaßen vor:

Die beiden zu schweißenden Stücke werden im Schmiedefeuer auf Schweißhitze, d. h. auf Weißglut gebracht. Hierbei bildet sich eine Schicht von Hammerschlag (Zunder) und sonstigen Verunreinigungen auf dem Eisen, die entfernt werden muß. Man bestreut das erhitzte Eisen deshalb mit reinem, weißem Sand oder einem besonderen Schweißpulver. Dieses bildet mit dem Zunder und den Verunreinigungen eine flüssige Schlacke. Der Schmied nimmt nun die beiden zu schweißenden Stücke schnell aus dem Feuer und schlägt sie auf das Amboßhorn auf. Dadurch fließt die etwa am Eisen hängende Schlacke ab. Hiermit sind die Verunreinigungen entfernt und die Schweißstellen metallisch rein. Dann legt der Schmied die beiden Teile passend auf die Amboßbahn und fügt sie durch schnelle, leichte Schläge zusammen. Das fertige Stück darf von einem aus dem Vollen geschmiedeten nicht zu unterscheiden sein.

Man hat verschiedene Arten der Schweißung, und zwar:

a) **Die stumpfe Schweißung** (Abb. 46). Die beiden Schweißenden werden stumpf gegeneinander gelegt. Durch Schläge in der Längsrichtung vereinigt man die beiden Endflächen. Die Schweißung ist einfach, jedoch wegen der geringen Ausdehnung der Schweißfuge wenig haltbar.

b) **Die Schweißung mit Feder** (Abb. 47). Hierbei werden die beiden Schweißenden vor dem Schweißen schräg angeschärft. Dadurch bekommt die Schweißfuge eine größere Anhaftungsfläche. Die Schläge erfolgen bei dieser Schweißung senkrecht zur Längsrichtung des Stabes. Hierbei verringert sich der Querschnitt an der Schweißstelle, was ein Nachteil ist.

c) **Die Schweißung mit Feder und Stauchung** (Abb. 48). Die Stabenden werden vor dem Schweißen angestaucht und schräg angeschärft. Durch das Anstauchen verhütet man die Verringerung des Querschnitts an der Schweißstelle. Diese Art der Schweißung wird meistens angewandt.

e) Arbeitsbeispiele.

Ein Hebel nach Abb. 49 d läßt sich folgendermaßen schmieden. Das Eisen wird zunächst abgelängt. Dann werden die beiden Seiten abgesetzt (Abb. 49 a u. b).

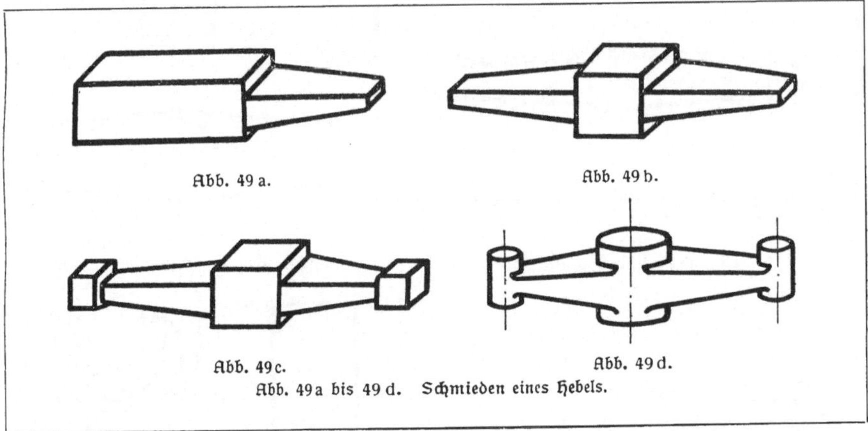

Abb. 49 a.   Abb. 49 b.

Abb. 49 c.   Abb. 49 d.

Abb. 49 a bis 49 d.   Schmieden eines Hebels.

Hierauf werden die Arme weiter gelängt, die Endnaben abgesetzt (Abb. 49 c) und schließlich die Naben rund geschmiedet (Abb. 49 d). Man kann auch das rohe Stück (Abb. 49 c) in ein etwa vorhandenes passendes Gesenk bringen (Abb. 50) und schmieden. Man muß dann aber noch den Grat entfernen, was man entweder mit dem Schrotmeißel oder in einem besonderen Abgratgesenk (Abb. 51) vornehmen kann. Sind die Arme des Hebels lang, so werden sie angeschweißt. Sind die Naben hoch, so werden sie nach Abb. 52 besonders auf= geschweißt.

Eine Öse (Abb. 53) an einem Stangenende kann man entweder nach Abb. 53 a durch Biegen über einen Dorn und Schweißen unter Verwendung eines Füllstückchens herstellen oder nach Abb. 53 b anfertigen, indem man zunächst den Ring schmiedet und die Stange anschweißt.

Abb. 54 a bis d zeigen die Arbeitsgänge beim Schmieden einer

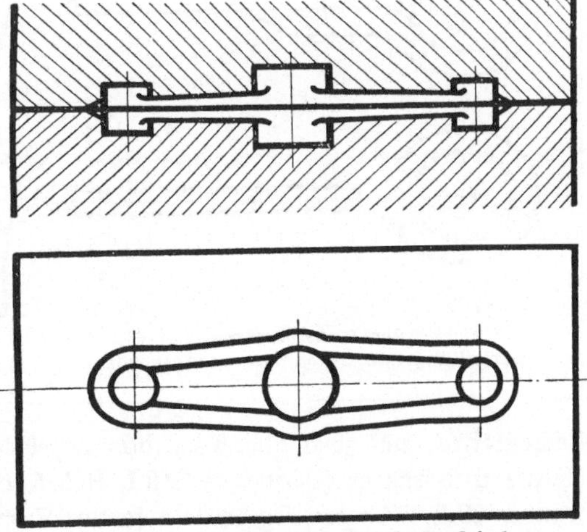

Abb. 50. Schmieden eines Hebels im Gesenk.

3*

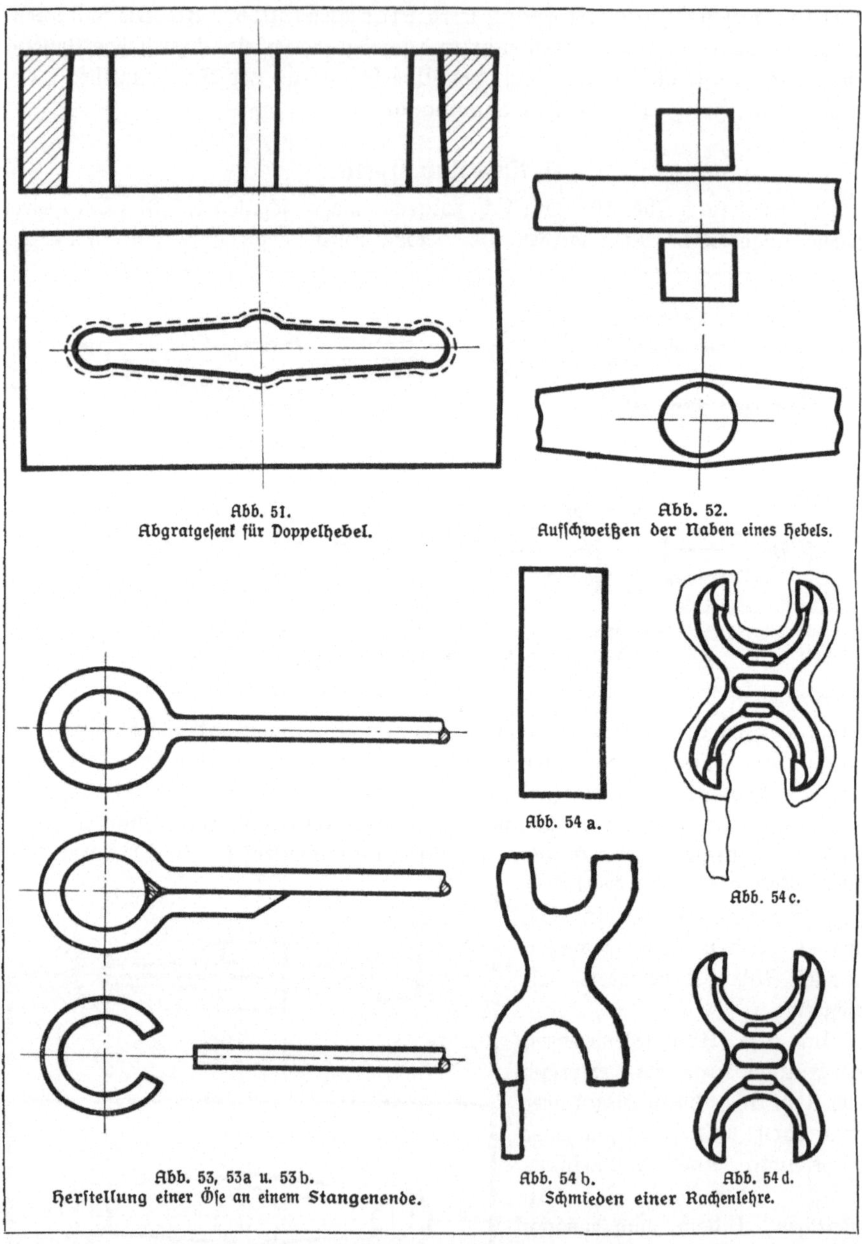

Abb. 51.
Abgratgesenk für Doppelhebel.

Abb. 52.
Aufschweißen der Naben eines Hebels.

Abb. 54 a.

Abb. 54 c.

Abb. 53, 53a u. 53 b.
Herstellung einer Öse an einem Stangenende.

Abb. 54 b.   Abb. 54 d.
Schmieden einer Rachenlehre.

Rachenlehre, und zwar Abb. 54 a das abgelängte Stahlstück, Abb. 54 b das ge-
schlitzte und roh vorgeschmiedete Stück, Abb. 54 c das Stück, wie es aus dem Gesenk
kommt, Abb. 54 d das abgegratete fertige Schmiedestück.

f) Die Maschinenhämmer und die Schmiedepressen.

Bei der Herstellung schwerer Schmiedestücke reicht der Hand= und Vorschlag=
hammer nicht aus. Man benutzt dann entweder Maschinenhämmer oder
Schmiedepressen zum Schmieden. Sie finden jedoch auch bei der Bearbeitung
kleinerer Schmiedestücke Anwendung, um dieselben billiger herstellen zu können.

Maschinenhämmer sind z. B.: Stielhämmer, Fallwerke, Federhämmer, Luft=
hämmer und Dampfhämmer. Die vier ersteren erhalten ihren Antrieb von einer
Transmission her. Der Dampfhammer wird durch Dampfdruck betätigt.

Sämtliche Hämmer wirken durch das Fallgewicht eines Hammerbären. Dadurch
werden insbesondere bei großen Hämmern starke Erschütterungen in der Umgegend
des Hammers hervorgerufen. Bei schweren Arbeitsstücken benutzt man heute fast
allgemein die Schmiedepressen.

Sie verursachen im Gegensatz zu den Hämmern fast keine Erschütterungen. Beim
Schmieden wird der Hammerbär der Presse langsam auf das Arbeitsstück gesenkt.
Erst dann gibt man den eigentlichen Preßdruck. Es findet also ein Pressen oder
Drücken des Materials statt, im Gegensatz zu den harten Schlägen des Hammers.
Der Preßdruck wird durch hohen Wasserdruck hervorgerufen. Der Wasserdruck schwankt
je nach der Bauart der Presse zwischen 100—500 Atm. (1 Atm. = 1 kg Druck auf
1 qcm). Für die Größe der Presse ist der Preßdruck maßgebend. Man baut Pressen
von etwa 100 t bis 10000 t Preßdruck.

Man unterscheidet dampfhydraulische und rein hydraulische Schmiedepressen.
Die dampfhydraulische Schmiedepresse besteht in der Hauptsache aus der
eigentlichen Presse und einem Dampf=Treibapparat (Druckübersetzer). Der
Druckübersetzer dient zur Erzeugung des hohen Wasserdruckes.

Bei der rein hydraulischen Schmiedepresse wird der erforderliche Wasserdruck
in besonderen Hochdruckpumpen erzeugt. Der Dampftreibapparat fällt hier fort.

g) Beobachtungen beim Schmieden.

Je reiner das Schmiedeeisen ist, um so besser läßt es sich schmieden. Nimmt
der Kohlenstoffgehalt zu, so nimmt die Schmiedbarkeit ab. Enthält das Schmiede=
eisen viel Silizium, so läßt es sich schlecht schmieden. Viel Mangangehalt erhöht
die Schmiedbarkeit. Ein hoher Phosphorgehalt macht das Eisen kaltbrüchig, d. h.
es bricht leicht in kaltem Zustande. Beim Schmieden in rotwarmem Zustande übt
Phosphor keinen Einfluß aus. Ein hoher Schwefelgehalt wirkt besonders ungünstig
auf das Schmiedeeisen. Er macht das Eisen rotbrüchig. Wird schwefelhaltiges Eisen
bei dunkler Rotglut geschmiedet, so bricht es in Stücke. Sind viel Schlackenteile im
Schmiedeeisen enthalten, so bilden sich beim Schmieden leicht Risse. Dies nennt man
Faulbruch. Wird das Eisen bei einer Temperatur von etwa 400° C bearbeitet,
so bricht es leicht. Da diese Temperatur der blauen Anlaßfarbe entspricht, bezeichnet
man dies als Blaubruch.

2. Das autogene Schweißen und Schneiden.

Neben dem Schweißen, wie es der Schmied mit Hilfe des Schmiedefeuers aus-
führt, wird im Maschinenbau das autogene Schweißen angewandt. Hierbei erfolgt die Verbindung der Schweißstücke mit Hilfe einer Gasstichflamme. Diese wird
durch einen Schweißbrenner in geringem Abstande über die Schweißfuge geführt.
Durch die dabei entstehende hohe Wärme kommt die Schweißstelle allmählich auf
Schweißhitze. Es findet ein Zusammenschmelzen der Teile statt. Etwa entstehende
Lücken werden durch geschmolzenen Eisendraht ausgefüllt.

Man unterscheidet verschiedene Arten der autogenen Schweißung, und zwar:

a) Die Wasserstoff- und Sauerstoffschweißung.

Bei dieser Art der Schweißung wird die erforderliche Stichflamme mit Hilfe
von Wasserstoff- und Sauerstoffgas erzeugt. Beide Gase werden in Stahl-
flaschen geliefert. Sie stehen unter einem Druck von etwa 150 Atm. und kommen
so in die Werkstatt. Zum Schweißen benötigt man zunächst zu jeder Flasche
ein Reduzierventil. Es dient dazu, die hochgespannten Gase auf einen geringeren
Arbeitsdruck (etwa 0,2 bis 1,5 Atm.) zu bringen.

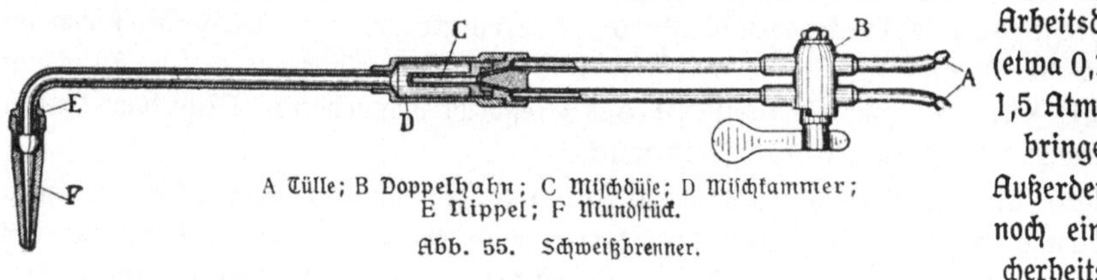

A Tülle; B Doppelhahn; C Mischdüse; D Mischkammer;
E Nippel; F Mundstück.

Abb. 55.   Schweißbrenner.

Außerdem ist noch ein Si-
cherheitsven-
til angebracht, welches auf den zulässigen Arbeitsdruck eingestellt ist. Von dem
Reduzierventil jeder Flasche führt ein Gummischlauch zum Schweißbrenner Abb. 55.
Hier gelangen die Gase durch zwei getrennte Leitungen in eine Mischkammer. Durch
einen Hahn können die beiden Leitungen gleichzeitig abgesperrt werden. Bei ge-
schlossenem Hahn brennt eine kleine Wasserstoffzündflamme weiter. Zum Schweißen
von Eisen ist ein Gemisch von 1 Teil Sauerstoff und 4 Teilen Wasserstoff notwendig. Dieses Gemisch tritt am Brennermundstück aus und wird angezündet.
Die hierdurch entstehende Stichflamme ergibt eine Hitze von etwa 2000° C. Bei
dieser Temperatur wird das Eisen flüssig, so daß ein Zusammenschweißen stattfindet.
Bis zu 10 mm Blechstärke ist dieses Schweißverfahren sehr vorteilhaft. Für dickere
Bleche genügt die Temperatur der Stichflamme nicht.

b) Die Azetylen- und Sauerstoffschweißung.

Hier wird die Stichflamme durch Azetylen und Sauerstoff erzeugt. Kalkstein und Kohle, in einem elektrischen Ofen zusammengeschmolzen, ergeben
Karbid.

Berieselt man Karbid mit Wasser, so entwickelt sich Azetylengas (Fahrradlaterne).
Dieses leitet man in Sammelbehälter. Der Schweißbrenner hat ebenfalls zwei
getrennte Leitungen. Das Sauerstoffgas kommt von einer Stahlflasche und tritt unter

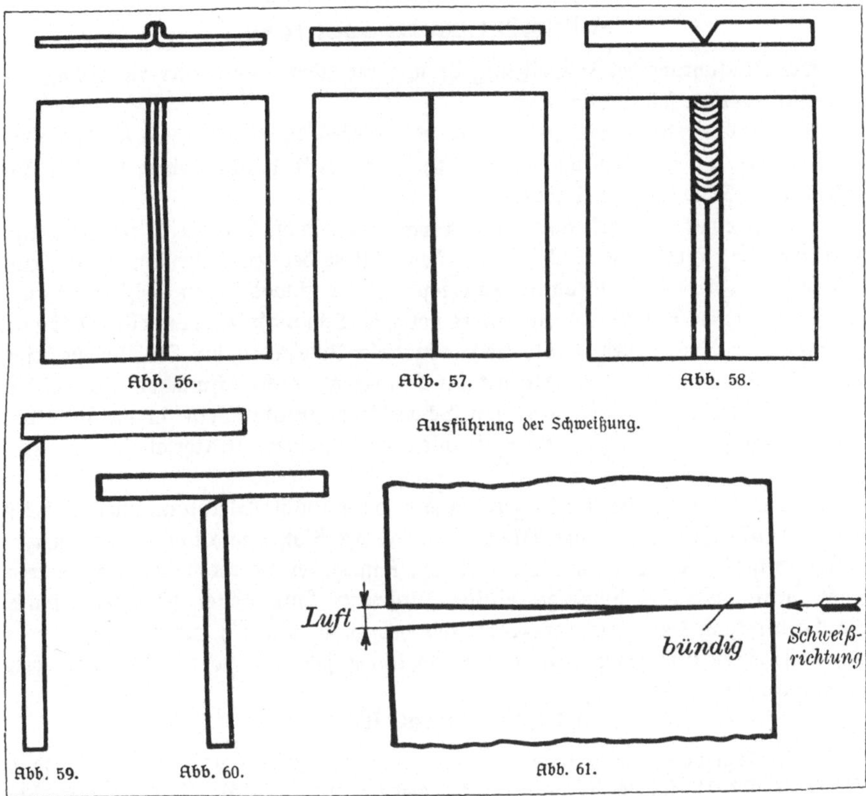

Abb. 56.   Abb. 57.   Abb. 58.

Ausführung der Schweißung.

Abb. 59.   Abb. 60.   Abb. 61.

Druck aus der einen Leitung aus. An die andere Leitung ist das Azetylengas ange=
schlossen. Im Sammelbehälter herrscht jedoch ein geringer Druck, so daß das Azetylengas
nicht ohne weiteres zum Brenner strömen kann. Das Sauerstoffgas, welches
unter Druck aus einer Düse im Innern des Brenners austritt, übt eine Saugwirkung
aus. Dadurch wird Azetylengas angesaugt und mitgerissen. In der Mischkammer
findet eine Mischung der beiden Gase statt. Dieses Gemisch tritt am Brennermund=
stück aus und wird hier angezündet. Die so erzeugte Stichflamme hat eine Tem=
peratur von etwa 3000° C. Sie ermöglicht das Schweißen von Blechstärken bis zu
30 mm.

c) Die Wassergasschweißung.

Bei dieser Schweißung wird durch sogenanntes Wassergas die erforderliche
Stichflamme erzeugt. Das Wassergas wird in besonderen Anlagen gewonnen. Die
Kosten für derartige Anlagen sind jedoch sehr hoch, so daß Wassergasschweißung
nur für Groß= und Spezialbetriebe in Frage kommt.

d) Die elektrische Schweißung.

Hier wird die zum Schweißen notwendige Hitze mit Hilfe des elektrischen Stromes
erzeugt. Die elektrische Schweißung findet keine große Anwendung.

e) Ausführung der Schweißung.

Die Ausführung der Schweißung ist nach der Stärke des Materials, welches ge=
schweißt werden soll, verschieden.

Sind dünne Bleche bis zu 1 mm zu schweißen, so bördelt man die Schweiß=
kanten etwa 3 mm hoch um (Abb. 56). Durch diese Umbördelung fällt das Zu=
geben von Schweißmaterial fort.

Bis zu einer Blechstärke von etwa 4 mm kann man die Schweißkanten stumpf
gegeneinanderstoßen (Abb. 57). Zum Füllen der entstehenden Lücken beim
Schweißen verwendet man dann Schweißdraht aus schwedischem Holzkohleneisen.

Für stärkere Bleche als 4 mm ist es nötig, die Schweißkanten abzuschrägen,
so daß eine Rille entsteht (Abb. 58). In dieser Rille kann die Stichflamme besser
bis auf den Grund wirken. Damit die Schweißnaht nicht schwächer wird als das
übrige Material, schmilzt man den Schweißdraht tropfenweise in die Rille ein.
Hierbei muß jeder flüssige Drahttropfen auf flüssiges Material in der Rille
treffen.

Stehen die Bleche im Winkel zueinander, so werden die Blechkanten nach Abb. 59
und 60 abgeschrägt. Dünne Bleche sind an der Stoßfuge nicht auf der ganzen
Länge bündig zu legen, sondern nur am Anfang der Schweißung. Am anderen
Ende muß man der Stoßfuge einige Millimeter Luft geben (Abb. 61). Durch
die Einwirkung der Wärme verzieht sich das Blech nämlich etwas. Würde man
an dem einen Ende keine Luft geben, so legten sich die beiden Blechstücke hier
übereinander.

f) Das autogene Schneiden.

Im Gegensatz zum autogenen Schweißen steht das autogene Schneiden.
Durch dieses Verfahren ist man in der Lage, Werkstücke schnell und sauber abzu=
schneiden. Man benutzt hierzu einen Schneidbrenner (Abb. 62). Er arbeitet
entweder mit Wasserstoff und Sauerstoff oder mit Azetylen und Sauerstoff.

Soll ein eiserner Gegenstand abgeschnitten werden, so erwärmt
man eine kleine Stelle mit Hilfe der Stichflamme auf Hellrotglut. Der
Schneidbrenner ar=
beitet hierbei wie
ein Schweißbren=
ner. Dann stellt
man den Schneid=
brenner durch Ven=
tile um, so daß
nur noch reiner
Sauerstoff am
Brennermundstück
austritt. Diesen
Sauerstoffstrahl
hält man auf
die vorher erhitzte

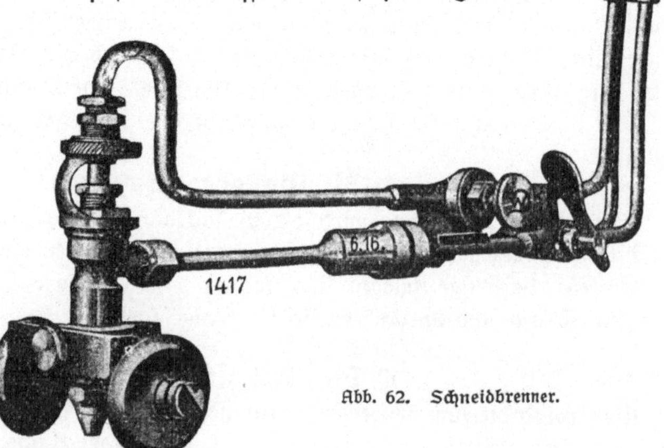

Abb. 62. Schneidbrenner.

Stelle. Sofort verbrennt das Eiſen an dieſer Stelle und wird durchſchnitten. Führt man nun den Schneidbrenner langſam weiter, ſo findet ein weiteres Verbrennen des Eiſens ſtatt. Das Material wird auf dieſe Weiſe allmählich durchſchnitten. Je nach der Führung des Brenners laſſen ſich gerade Linien und auch Kurven ſchneiden. Das autogene Schneidverfahren wird im Maſchinenbau viel angewandt, insbeſondere zum Ausſchneiden von Mannlöchern bei Dampfkeſſeln, Ausklinken von Profileiſen, Abſchneiden von verlorenen Köpfen und Gießtrichtern bei Gußſtücken, Zuſchneiden von Blechen uſw. Werkſtücke von 250 mm Stärke und mehr laſſen ſich noch durchſchneiden.

3. Die Thermitſchweißung.

Neben der autogenen Schweißung wird auch vielfach das Schweißen mit Thermit angewandt. Thermit beſteht aus einem Gemiſch von Eiſenoxyd und Aluminium. Entzündet man dieſes Gemiſch, ſo brennt es mit einer Temperatur von etwa 3000°C. Hierbei bildet ſich flüſſiges, ſchmiedbares Eiſen und eine Schlacke. Das Schweißen mit Thermit erfolgt auf folgende Weiſe:

Die Schweißſtellen werden zunächſt ſauber gemacht, ſo daß ſie metalliſch rein ſind. Dann preßt man ſie mittels eines Klemmapparates feſt gegeneinander. Die Schweißſtelle umgibt man mit einer Gießform. In dieſe Form gießt man nun das flüſſige Thermit. Die in dem Thermit enthaltene Wärme genügt, um die Schweißfuge auf Schweißhitze zu bringen. Iſt die Schweißhitze erreicht, ſo zieht man mit Hilfe des Klemmapparates die Schweißſtellen nochmals feſt gegeneinander. Dadurch findet eine innige Verbindung ſtatt, ſo daß die Schweißſtücke nach dem Erkalten faſt dieſelbe Feſtigkeit aufweiſen wie ein nicht geſchweißtes Stück.

Das Thermitverfahren findet Anwendung zum Schweißen von Werkſtücken aus Schmiedeeiſen, Stahlguß und Gußeiſen. Insbeſondere wird es bei Reparaturen, z. B. Schweißen eines Maſchinenſtänders, einer Grundplatte, einer Welle u. dgl., benutzt. Man iſt dadurch in der Lage, Betriebsſtörungen ſchnell zu beheben. Ferner dient es neuerdings zum Schweißen der Stoßſtellen von Eiſen= und Straßenbahnſchienen.

4. Das Gußeiſen.
a) Gewinnung des Gußeiſens.

Das im Hochofen gewonnene Roheiſen iſt ſehr dünnflüſſig. Man benutzte es früher zum Gießen und erhielt damit ſogenannte Gußſtücke. Das hierzu verwendete Roheiſen bezeichnete man als Gußeiſen. Es wurde jedoch nur zur Herſtellung einfacher Gußſtücke wie Waſſerleitungsrohre, Kaminplatten, Ofenplatten für Zimmeröfen uſw. gebraucht.

Die gewaltige Entwicklung unſerer Induſtrie erfordert aber jetzt die verſchiedenartigſten Gußſtücke. Sie müſſen eine große Feſtigkeit haben und ſich leicht bearbeiten laſſen. Das im Hochofen gewonnene Roheiſen genügt dieſen Anforderungen nicht. Es muß durch Umſchmelzen und Miſchen in ein brauchbares Gußeiſen verwandelt werden. Man versteht daher heute unter Gußeisen ein Roheisen, welches nochmals umgeschmolzen worden ist. Hierzu benutzt man den Kupolofen (Abb. 63).

Er ist ein zylindrischer Schachtofen von etwa 1 m Durchmesser und einer Höhe von ungefähr 6 m. Man unterscheidet beim Kupolofen, ähnlich wie beim Hochofen: die Gicht mit der Gichtbühne, den Schacht und das Gestell. Vielfach hat der Kupolofen anschließend an das Gestell noch einen sogenannten Vorherd (Abb. 63). Der Ofen ist aus feuerfestem Material (Schamottesteinen) gemauert und zur Verstärkung mit einem Blechmantel umgeben. Von der Gichtbühne aus wird der Kupolofen beschickt. Abwechselnd erhält er eine Gicht Eisen mit Zuschlag und eine Gicht Brennstoff. Als Eisen verwendet man Roheisen und Gußschrot vermischt. Schmiedeeisenabfälle werden nicht verwandt. Durch diese Mischung wie auch durch besondere Auswahl des Roheisens hat man es in der Hand, weiches oder hartes Gußeisen zu erzeugen. Bei überwiegendem grauen Roheisen und wenig Gußschrot erhält man ein weiches Gußeisen. Es ist genügend fest und läßt sich leicht bearbeiten. Dies sind die Eigenschaften, die man an die meisten Gußstücke stellt. Daher wird im Kupolofen in der Hauptsache graues Roheisen verarbeitet. Es kommt als Gießereiroheisen in den Handel und wird teurer bezahlt als anderes Roheisen. Nimmt man viel Gußschrot, so erhält man ein hartes, schwer zu bearbeitendes Gußeisen. Man verwendet es für besondere Gußstücke, z. B. Hartgußwalzen. Als Zuschlag benutzt man Kalkstein. Er verbindet sich mit der Asche, die sich bei der Verbrennung bildet, zu einer flüssigen Schlacke. Außerdem wird der im Brennstoff enthaltene Schwefel von der Schlacke aufgenommen. Als Brennstoff verwendet man ähnlich wie beim Hochofen Koks.

Um eine gute Verbrennung zu erzielen, führt man dem Ofen durch Düsen, die im Gestell angebracht sind, gepreßte Luft zu. Sie wird durch ein Gebläse, einen Ventilator oder Kompressor erzeugt und gelangt nicht wie beim Hochofen vorgewärmt, sondern kalt in den Ofen. Der Schmelzvorgang im Kupolofen ist folgender:

Die aufgegebenen Materialien werden im oberen Teil des Schachtes vorgewärmt. Allmählich sinken sie tiefer, und im Gestell, wo die Hitze am größten ist, wird das Eisen flüssig. Durch ein Schauloch, welches einer Düse gegenüber angebracht und mit einem bunten Glase versehen ist, kann man das Schmelzen beobachten. Das flüssige Roheisen sammelt sich im Vorherd. Hier wird es durch den Eisenabstich in untergestellte Gießpfannen abgelassen und in bereitstehende Formen gegossen. Die auf dem Gußeisen schwimmende Schlacke läßt man durch den Schlackenabstich abfließen. Wenn der Kupolofen außer Betrieb gesetzt wird, so entleert man ihn mit langen eisernen Haken durch die Arbeitstüren. Dies muß sofort nach dem Gießen geschehen, weil dann die Massen im Ofen noch weich und glühend sind. Im anderen Falle werden sie kalt, erstarren und können nur schwer herausgeholt werden. Beim Entleeren kommen glühender Koks, glühende Schlacke und oft noch etwas flüssiges Eisen aus dem Ofen.

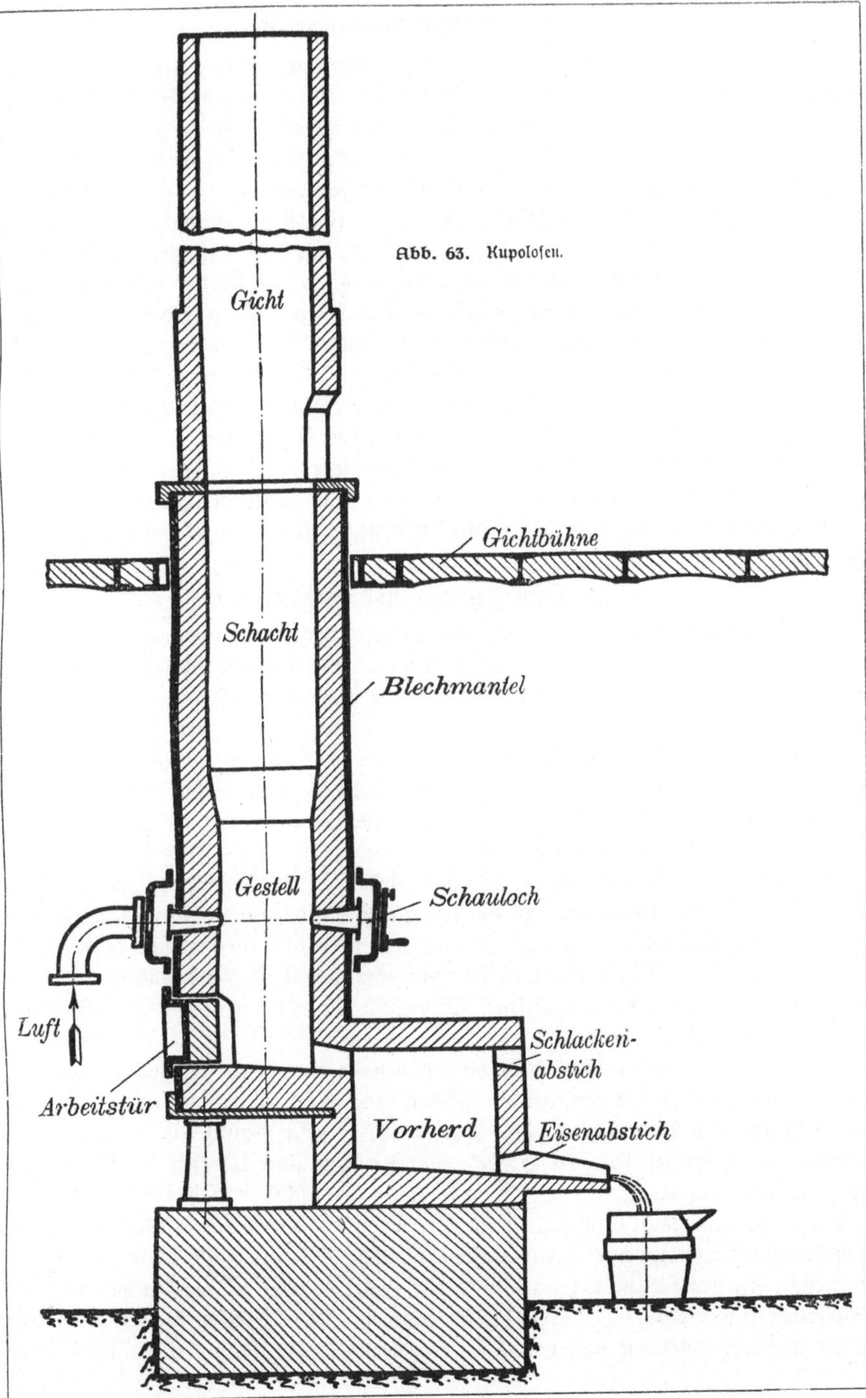

Abb. 63. Kupolofen.

b) Eigenschaften des Gußeisens.

Schlägt man mit dem Hammer auf ein Gußstück, oder läßt man es fallen, so zerbricht es leicht in Stücke. Das Gußeisen ist also spröde. Erwärmt man ein Gußstück auf Rotglut und bearbeitet es mit dem Hammer, so zerfällt es ebenfalls in Stücke. Also auch in rotwarmem Zustande ist das Gußeisen spröde. Es läßt sich nicht schmieden. Das Gußeisen enthält viel Kohlenstoff, der in Form von Graphit= teilchen zwischen den Eisenteilchen liegt. Die Bruchfläche ist daher dunkelgrau bis schwarz und grobkörnig. Infolge der zwischen den Eisenteilchen lagernden Graphitteilchen ist der Zusammenhang lose. Trotzdem macht der hohe Kohlenstoff= gehalt das Gußeisen hart. Eine gußeiserne Riemscheibe, die auf der Drehbank ab= gedreht wird, gibt krümelige, sandartige Späne. Ebenso springen beim Meißeln eines Gußstückes kurze Späne ab, die leicht die Augen des Arbeiters verletzen (Schutzbrillen). Das Gußeisen läßt sich leicht schmelzen und in Formen gießen. Es dient daher in der Gießerei zur Herstellung von Gußstücken, wie: Riemscheiben, Zahnrädern, Lagern, Konsolen usw. Maschinenteile, die jedoch starken Schlägen und Stößen ausgesetzt sind oder große Biegungen auszuhalten haben, fertigt man nicht aus Gußeisen an, weil die Festigkeit desselben für diese Beanspruchungen zu gering ist.

c) Das Formen und Gießen.

1. Modelle. Soll ein Werkstück aus Gußeisen hergestellt werden, so ist zunächst ein Modell aus Holz oder Metall anzufertigen. Die meisten Modelle werden aus Holz hergestellt. Man verwendet hierzu in der Hauptsache Kiefern= und Erlenholz. Metallmodelle wendet man an, wenn dasselbe Gußstück in größerer Anzahl ab= gegossen werden soll. Das flüssige Gußeisen nimmt einen größeren Raum ein als das erstarrte. Es zieht sich beim Erkalten zusammen, was man Schwinden nennt. Diesen Umstand muß der Modellschreiner berücksichtigen. Er fertigt die Modelle etwas größer an, als das fertige Werkstück werden soll. Das Maß des Schwindens ist für die einzelnen Metalle verschieden und beträgt z. B. für Gußeisen 1%, für Stahlguß 2%. Der Modellschreiner benutzt bei seiner Arbeit daher einen Schwindmaßstab. Dies ist ein Maßstab, der genau wie der Meterstab in 1000 gleiche Teile geteilt, in Wirklichkeit aber länger als 1 m ist. Für jedes Metall ist ein besonderer Schwind= maßstab nötig. Der Schwindmaßstab für Gußeisen ist $1000 \text{ mm} + 1\% = 1010 \text{ mm}$, für Stahlguß $1000 \text{ mm} + 2\% = 1020 \text{ mm}$ lang.

Die Modelle werden nicht aus dem vollen Stamm gearbeitet, sondern meistens aus mehreren Holzstücken zusammengeleimt. Die einzelnen Stücke verleimt man in der Längs= und Querrichtung des Holzes und erreicht damit ein Sperren des= selben. Das Sperren hat den Zweck, ein Verziehen und Werfen des Modells zu verhindern. Die Kanten der Modelle sollen möglichst rund gehalten werden. Scharfe Kanten reißen beim Eingießen des Gußeisens in die Form leicht ab. Außer= dem entstehen infolge von Spannungen im Gußstück leicht Risse durch die scharfen Kanten. An den Stellen, wo das Werkstück später bearbeitet werden soll, muß der Schreiner am Modell einige Millimeter zugeben. Diese Stellen werden vom Tech= niker auf der Zeichnung daher besonders gekennzeichnet. Das fertige Modell wird mit einem roten Spirituslack gestrichen. Dadurch schützt man es gegen Feuchtigkeit. Außerdem bleibt es durch den glatten Überzug nicht so leicht an der Form haften. Sämtliche Modelle werden mit Ordnungsziffern versehen, damit sie leicht gefunden und nicht verwechselt werden. Sie werden in ein Modellbuch eingetragen und in der Modellkammer geordnet aufbewahrt.

2. Die Formstoffe. Die Modelle werden zur Herstellung der Hohlräume, die man Formen nennt, in Formstoffe wie Sand, Lehm oder Masse eingeformt. Ein guter Formstoff muß zwei Eigenschaften haben:

a) Er muß bildsam sein, d. h. er muß sich leicht formen und gestalten lassen, ohne zu bröckeln oder zu zerfallen;

b) er muß durchlässig sein, d. h. die Gase, die beim Eingießen des flüssigen Metalls in der Form entstehen, müssen abziehen können.

Sand, wie er in der Natur vorkommt, ist nur in seltenen Fällen genügend bildsam, denn die glatten und abgerundeten Sandkörner haften schlecht aneinander. Feuchtigkeit und Tonzusatz erhöhen das Zusammenhaften. Um die Durchlässigkeit zu erhöhen, vermischt man den Sand mit gemahlener Steinkohle, die außerdem das Einbrennen von Sandstellen in den Gußkörper verhindert. Nach dem Guß ist der Sand nicht mehr bildsam und durchlässig genug. Er muß dann neu angefeuchtet und aufgearbeitet werden. Das Einformen in Sand kommt für einfachen Maschinen= guß, Massenartikel usw. in Anwendung und ist sehr verbreitet.

Lehm ist ein mit Sand vermischter Ton. Er ist sehr bildsam, aber wenig durch= lässig. Um ihn durchlässiger zu machen, vermengt man ihn mit Pferdemist, Spreu, Häcksel, Torf usw. Der Lehm wird mit Wasser angerührt und recht naß verar= beitet. Die Lehmformen sind also zunächst sehr feucht. Sie müssen vor dem Gießen gut getrocknet werden. Hierbei schwinden und reißen sie leicht. Letzteres wird durch die Beimengungen verhütet. Die Lehmformerei findet Anwendung besonders bei großen Gußstücken, z. B. Turbinengehäusen, Dampfzylindern, Glocken usw.

Masse besteht in der Hauptsache aus reinem Ton. Der Ton ist sehr bildsam, doch wenig durchlässig. Deshalb wird er ähnlich wie der Lehm mit Sand, Graphit, Koksmehl usw. vermischt. Die Masseformen werden auch in feuchtem Zustande her= gestellt. Sie werden ebenfalls getrocknet und hierbei oft bis zur Dunkelrotglut er= hitzt. Die Masseformerei findet Anwendung, wenn beim Gießen hohe Temperaturen entstehen. Dies ist der Fall bei Stahlgußstücken, weil Stahlguß eine hohe Schmelz= temperatur hat. Auch die Kerne werden gewöhnlich aus Masse, zuweilen aber auch aus Lehm hergestellt.

Die aus Sand, Lehm oder Masse hergestellten Formen halten nur einen Guß aus. Sollen die Formen öfters zum Gießen benutzt werden, so fertigt man sie aus Metall, meist aus Eisen, an. Diese nennt man Schalenformen oder Kokillen. Man benutzt sie meist zur Herstellung von Hartguß. Gießt man nämlich in solche Formen weiches Gußeisen, so erstarren die äußeren Teile des Gußstückes, die mit den Formwandungen in Berührung kommen, schneller als das Innere desselben. Dadurch wird die äußere Schicht in hartes Gußeisen verwandelt, während der Kern weich bleibt. Eine Bearbeitung der äußeren Schicht ist fast ausgeschlossen. Des=

halb kommt der Schalen= oder Kokillenguß nur für besondere Gußstücke in An=
wendung. Solche Stücke sind z. B. Walzen, Platten, Panzertürme usw.

3. Das Einformen. Das Einformen der Modelle erfolgt entweder im Sande
der Gießereihalle (dem Herd) oder in eisernen Formkästen, die mit Sand gefüllt
sind. Danach unterscheidet man Herdformerei und Kastenformerei.

  a) Die Herdformerei. Sie findet Anwendung bei der Herstellung einfacher,
meist flacher Gußstücke. Solche sind z. B. ebene Platten, Roststäbe, Fensterrahmen

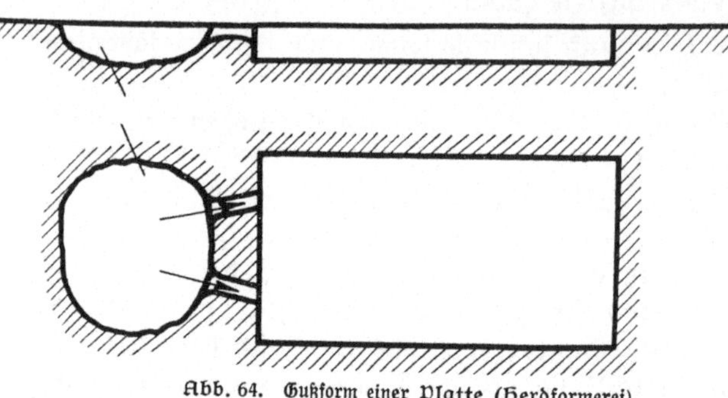

u. dgl. Abb. 64 zeigt das
Einformen einer ebenen
Platte. Der Former hebt
zunächst etwas Sand aus
dem Herd der Gießerei=
halle aus. Dann füllt er
den ausgehobenen Raum
mit frischem Formsand.
Nun wird die Oberfläche
mit Hilfe einer geraden
Latte und einer Wasser=
wage genau eben gemacht.

Abb. 64. Gußform einer Platte (Herdformerei).

Jetzt drückt der Former das Modell der Platte in den Sand ein und stellt so
die Form her. Neben der Form macht er eine flache Vertiefung, den Sumpf. Vom
Sumpf aus stellt er rinnenartige Einläufe nach der Form her. Dann hebt er das
Modell heraus und bessert die Form aus. Schließlich wird die Form mit Holz=
kohlenpulver oder Graphit bestäubt. Sie ist damit fertig zum Gießen. Das flüssige
Gußeisen wird in den Sumpf gegossen und läuft von hier durch die Rinnen in
die Form.

  Die Herdformerei erfordert wenig Arbeit und ist daher nicht teuer. Sie hat
aber folgende Nachteile:

  Die Oberfläche des Gußstückes kommt mit der Luft in Berührung. Dadurch er=
kaltet sie schnell und wird hart, so daß sie sich nur schwer bearbeiten läßt.

  Die Oberfläche wird rauh und blasig. Um sie etwas glatter zu bekommen, be=
streut man sie gleich nach dem Gießen mit trockenem Sand, Holzkohlenpulver
u. dgl.

  b) Die Kastenformerei. Die Kastenformerei wird zur Herstellung der ver=
schiedensten Gußstücke benutzt. Für die meisten Gußstücke genügen zweiteilige Form=
kästen (Unter= und Oberkasten). Bei unregelmäßig geformten Gußstücken sind oft
drei=, vier= und mehrteilige Kästen erforderlich.

  1. Einformen einer einfachen Leiste. Abb. 65 zeigt das Holzmodell der
Leiste. Zunächst wird das Modell mit der breiten Seite auf eine glatte Unterlage,
z. B. ein Brett, gelegt und der Unterkasten darübergesetzt (Abb. 66). Dann siebt
der Former frischen Formsand auf das Modell und füllt den Kasten mit ge=
brauchtem Sande weiter aus. Der Sand wird mit einem Stampfer festgestampft.
Hierauf dreht der Former den Unterkasten um und setzt ihn auf das Brett. Das

Modell befindet sich jetzt oben. Die obere Sandfläche glättet er und bestreut sie mit Holzkohlenpulver. Dann setzt er den Oberkasten auf und stampft auch diesen mit Formsand aus (Abb. 67). Gleichzeitig setzt er zwei konische Holzstäbe ein. Der eine dient zur Herstellung eines Trichters für den Einguß des flüssigen Gußeisens. Der andere stellt einen Trichter für das Steigen des Eisens dar. Durch den Steiger entweicht die Luft beim Gießen aus der Form. Außerdem drücken der mit Gußeisen gefüllte Einguß und der Steiger auf den Abguß, wodurch dieser dichter wird. Mit einem Luftspieß werden jetzt Löcher in den Oberkasten gestochen, damit die Gase besser abziehen können. Nun nimmt der Former die Holzstäbe für Einguß und Steiger heraus und hebt den Oberkasten ab. Das Modell wird aus dem Unterkasten entfernt, die Form ausgebessert und mit Holzkohlenpulver bestäubt. Nachdem auch der Oberkasten ausgebessert und bestäubt ist, wird er wieder auf den Unterkasten gesetzt. Damit ist die Form fertig zum Gießen (Abb. 68). Um ein Anheben des Oberkastens insbesondere bei großen Gußstücken zu verhindern, wird er mit Eisenteilen beschwert.

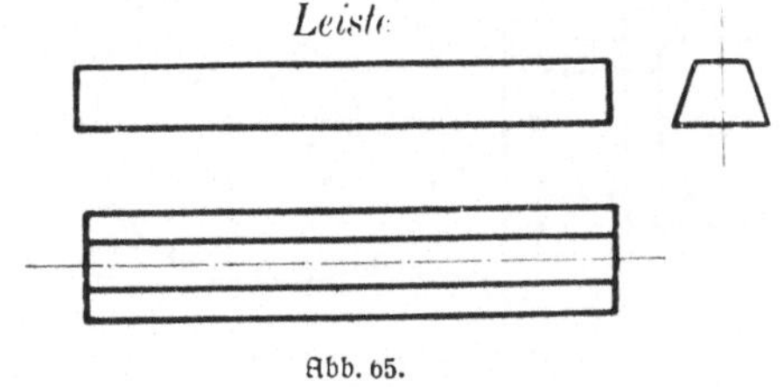

Abb. 65.

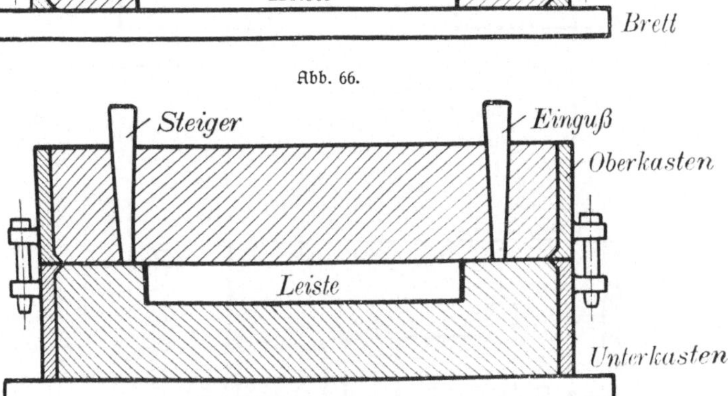

Abb. 66.

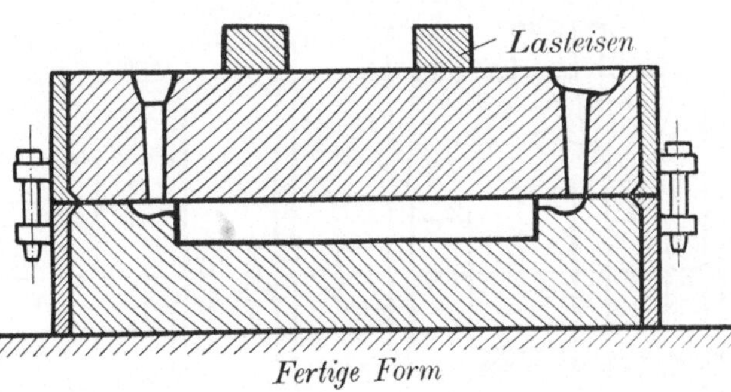

Abb. 67.

Abb. 68. Fertige Form.

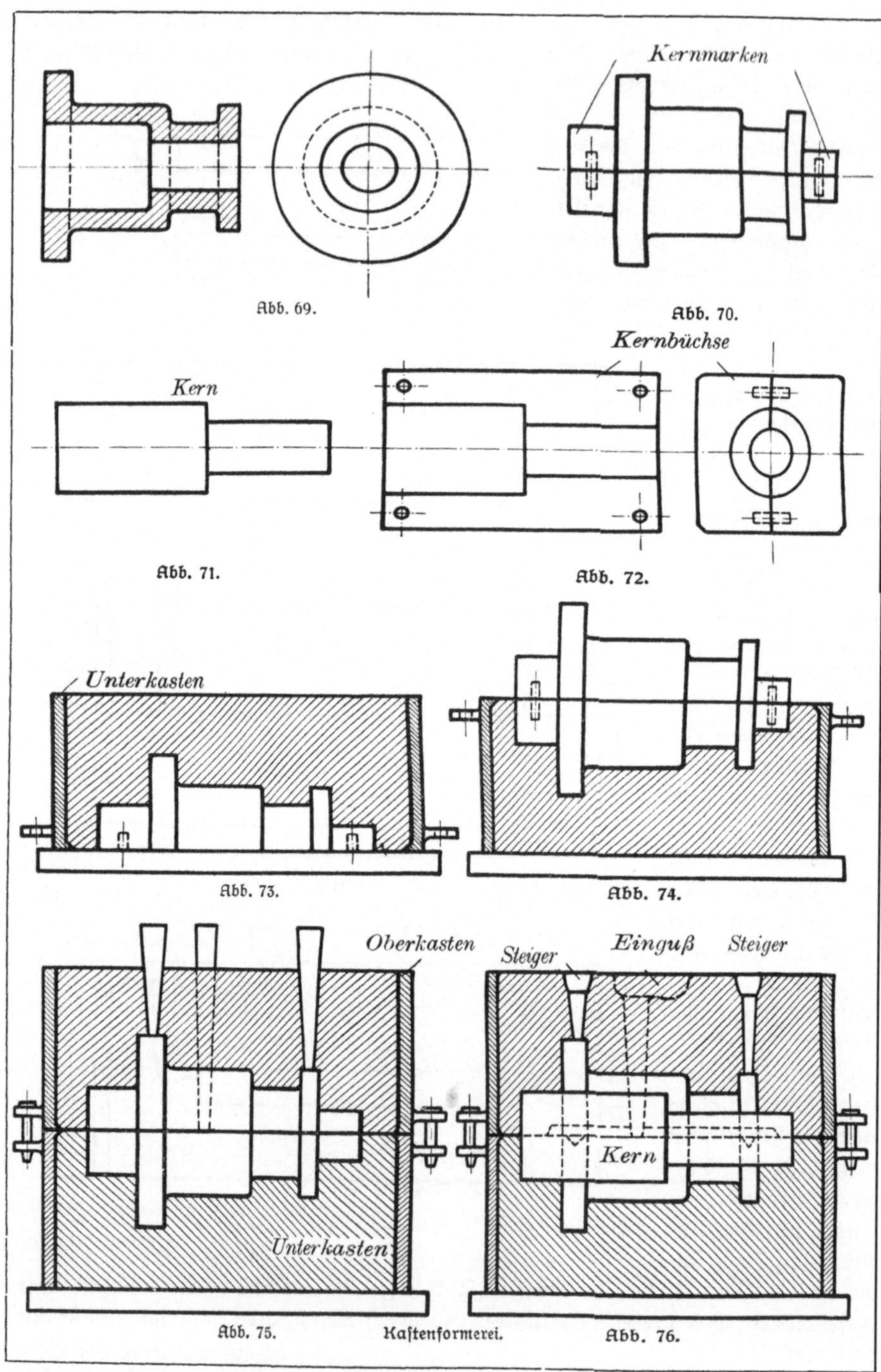
Kernmarken
Abb. 69.
Abb. 70.
Kern
Kernbüchse
Abb. 71.
Abb. 72.
Unterkasten
Abb. 73.
Abb. 74.
Oberkasten
Steiger
Einguß
Steiger
Kern
Unterkasten
Abb. 75.
Kastenformerei.
Abb. 76.

2. **Einformen eines Rohrstückes.** Abb. 69 zeigt die Zeichnung und Abb. 70 das zweiteilige Modell des Rohrstückes mit den zugehörigen Kernmarken. Das fertige Gußstück ist hohl. Um die Höhlung zu erhalten, legt man in die Form einen Kern nach Abb. 71 ein. Er paßt sich in seinen Abmessungen dem Hohlraum des Rohrstückes an. Man stellt ihn mit Hilfe einer aus Holz angefertigten Kernbüchse (Abb. 72) her. Als Formstoff für den Kern benutzt man Lehm mit den entsprechen= den Beimengungen. Durch Einschieben dünner Eisenstäbe in der Längsrichtung macht man ihn fester. Zunächst wird der Unterkasten durch Umstampfen der einen Modellhälfte hergestellt (Abb. 73). Dann dreht der Former den Unterkasten um und legt die andere Modellhälfte auf (Abb. 74). Nun setzt er den Oberkasten auf. Diesen stampft er auch mit Formsand aus und setzt Steiger und Einguß ein (Abb. 75). Jetzt hebt er den Oberkasten ab, wobei die eine Modellhälfte mit abgehoben wird. Die andere Hälfte bleibt im Unterkasten sitzen. Beide Modellhälften werden nun vorsichtig entfernt, und etwaige Beschädigungen der Form werden ausgebessert. Dann legt der Former den fertigen Kern in die Form ein. Das Bett für den Kern ist durch die am Modell befindlichen Kernmarken entstanden. Unter= und Ober= kasten werden jetzt mit Holzkohlenpulver bestäubt. Der Oberkasten wird wieder aufgesetzt, und die Form ist fertig zum Gießen (Abb. 76).

c) Die Schablonenformerei. Zur Herstellung der Formen für große Um= drehungskörper, z. B. Schwungräder, Riemscheiben, Deckel usw., benutzt man viel= fach Schablonen. Das Formen mit Schablonen erfordert mehr Zeit, die Form wird also teurer. Dafür spart man jedoch die Kosten für ein Modell und braucht nur die viel billigere Schablone anzufertigen. Die Form wird meistens im Herde der Gießerei hergestellt. Als Formstoff werden Sand, Lehm oder Masse benutzt.

Einformen eines gußeisernen Deckels. In Abb. 77 ist der zu gießende Deckel dargestellt. Zunächst wird der Spindelfuß mit der Spindel in den Herd ein= gesetzt. Die Spindel trägt eine drehbare Schere, an der die Schablonen befestigt werden können. Der Former bringt zuerst die Schablone I an der Schere an, die sich dem oberen Umriß des Deckels anpaßt. Mit dieser Schablone wird eine Form aus dem Sande herausgedreht (Abb. 78). Die so hergestellte Form wird glatt verputzt. Man nennt sie blinde oder falsche Form. Sie dient nur zur Anfertigung des Oberkastens. Der Former nimmt jetzt die Spindel mit der Schablone ab, füllt das Loch derselben aus, glättet die Stelle und setzt den Ober= kasten auf. Diesen stampft er mit Formsand aus und bringt gleichzeitig Einguß und Steiger an (Abb. 79). Dann wird der Oberkasten abgehoben, ausgebessert und mit Holzkohlenpulver bestäubt. Nun wird die Spindel wieder eingesetzt und die Schablone II an ihr befestigt, die sich dem unteren Umriß des Deckels anpaßt. Mit dieser streicht der Former so viel Sand von der blinden Form ab, als der Wandstärke des Deckels entspricht (Abb. 80). Dann hebt er die Schere mit der Schablone sowie die Spindel aus der Form, bessert sie aus und bestäubt sie. Hier= auf wird der Oberkasten wieder aufgesetzt, und die Form ist fertig zum Gießen (Abb. 81).

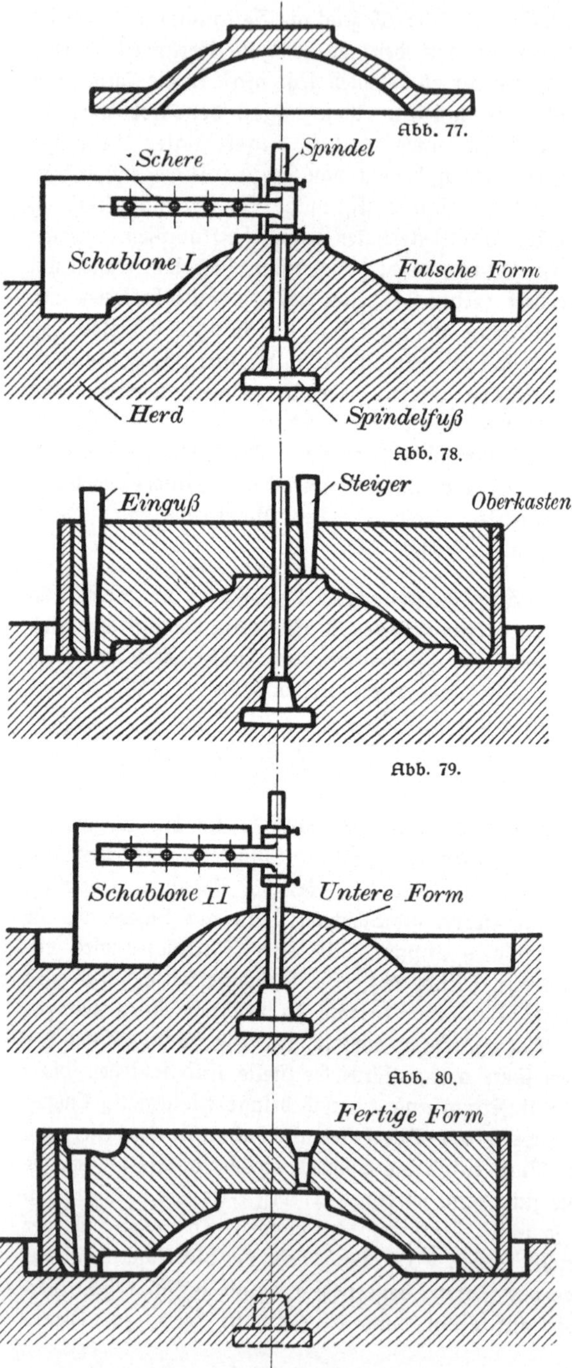

Abb. 81. Schablonenformerei.

4. Die Formmaschinen.

Die besprochenen Sand-, Lehm- und Masseformen sind jedesmal nur für einen Abguß brauchbar. Die Herstellung der Formen erfordert tüchtige Arbeiter und ist sehr kostspielig. Infolgedessen ging man bei Massenabgüssen dazu über, das Einformen von Hand durch Maschinenarbeit zu ersetzen. Man baute Formmaschinen. Mit Hilfe derselben ist es möglich, in kurzer Zeit auch durch ungelernte Arbeiter einwandfreie Formen herzustellen. Die bei den Formmaschinen benutzten Modelle sind nicht aus Holz, sondern aus Metall hergestellt.

5. Die Gußputzerei.

Nachdem die Gußstücke erkaltet sind, löst man sie aus der Form. Sie sind dann noch mit Einguß und Steiger, vorstehenden Graten, Formsand usw. behaftet. Dies alles wird zunächst in der Gußputzerei entfernt.

Einguß und Steiger werden mit Hammer und Meißel abgeschlagen oder besser mit Sägen und autogenen Schneidvorrichtungen abgeschnitten. Zum Entfernen von Grat dient in der Regel der Preßluftmeißel. Für geringere Gratbildungen benutzt man Schmirgelscheiben. Der Formsand sitzt nicht immer lose auf dem Gußstück, sondern ist stellenweise

feſt eingebrannt. Man entfernt ihn mit der Stahldrahtbürſte oder durch Sandſtrahl=
gebläſe. Durch den Sandſtrahl wird nicht nur der Formſand, ſondern auch die
harte Kruſtenſchicht der Gußſtücke heruntergeblaſen. Dadurch leiden die Schneid=
werkzeuge beim ſpäteren Bearbeiten nicht ſo ſehr, und die Gußſtücke bekommen ein
gutes Ausſehen.

Die Zeichnungen am Schluſſe des Buches zeigen Beiſpiele aus dem 126 Blatt ent=
haltenden Lehrgang für Formerlehrlinge des Deutſchen Ausſchuſſes für das techn.
Schulweſen, Berlin NW 7, Sommerſtr. 4 a. Auf dieſes einzigartige Werk weiſen wir
empfehlend alle diejenigen hin, die ſich mit dieſen Gegenſtänden beſonders eingehend
beſchäftigen wollen.

d) Der Temperguß.

Gußeiſerne Gegenſtände von geringer Stärke laſſen ſich dadurch in eine Art
Schmiedeeiſen verwandeln, daß man ſie tempert, d. h. man entzieht ihnen Kohlen=
ſtoff. Zum Tempern eignen ſich: Schraubenſchlüſſel, Haken, Rohrverſchluß= und
Verbindungsſtücke, kleinere Teile für landwirtſchaftliche Maſchinen, Fahrradteile,
Automobilteile und ähnliche Maſſenartikel. Dieſe Teile werden in der Gießerei in
Formen gegoſſen. Als Gießereieiſen verwendet man weißes Roheiſen, welches im
Kupolofen eingeſchmolzen wird. Die ſo aus ſprödem, weißem Roheiſen gegoſſenen
Gußſtücke werden in einem beſonderen Ofen in Schmiedeſtücke umgewandelt. Zu
dieſem Zweck bringt man die zu tempernden Stücke in gußeiſerne Töpfe und ver=
packt ſie mit feinkörnigem Roteiſenſtein. Bei langſamer Anheizung des Ofens werden
dann die Töpfe mit ihrem Inhalt auf helle Rotglut gebracht. Dieſe Erhitzung
dauert etwa ſechs bis acht Tage und wird während der letzten Tage wieder lang=
ſam herabgemindert. In der Hitze des Temperfeuers verbindet ſich der Sauer=
ſtoff des Roteiſenſteins mit dem in den Gußſtücken enthaltenen Kohlenſtoff. Da=
durch wird den Gußſtücken Kohlenſtoff entzogen. Sie werden kohlenſtoffärmer. Ihre
Sprödigkeit nimmt ab, und ſie werden weicher und zäher. Bei nicht zu hoher Tem=
peratur laſſen ſie ſich biegen und ſchmieden, was mit gewöhnlichen Gußſtücken nicht
möglich iſt. Die Tempergußſtücke haben ein gefälliges Ausſehen und ſind billiger
als geſchmiedete Teile.

e) Der Stahlguß.

Maſchinenteile, die beſonders zäh, feſt und widerſtandsfähig ſein müſſen, wie
Maſchinenſtänder, Maſchinenfundamente, Lokomotivräder uſw. ſtellt man vielfach
nicht aus Gußeiſen her, ſondern gießt ſie in Stahlguß. Der Stahlguß hat ähnliche
Eigenſchaften wie weicher Stahl. Das Material läßt ſich ſchmieden, biegen und hat
eine höhere Feſtigkeit als Gußeiſen.

Der Stahlguß iſt ein beſonderer Flußſtahl, der im Siemens=Martin=Ofen oder in
der Beſſemerbirne gewonnen wird. Letztere ſind jedoch bedeutend kleiner als die ſonſt
gebräuchlichen Öfen und Birnen. Man gießt den Stahlguß ebenſo wie Gußeiſen in
Formen. Die Herſtellung der Formen iſt die gleiche wie die der Gußeiſenformen.
Als Formmaterial wird Maſſe gebraucht. Die Anfertigung von Stahlgußſtücken iſt
ſchwieriger als die von Gußeiſenſtücken. Stahlguß hat nämlich einen höheren
Schwund (2%). Das ſtarke Schwinden ruft leicht die Bildung von Hohlräumen

(Lunkerstellen) hervor. Um diese im Gußstück zu vermeiden, gießt man einen ver=
lorenen Kopf mit an (Abb. 82 und 83). Die Lunkerstellen bilden sich so nur oben
im verlorenen Kopf, der am fertigen Gußstück abgeschnitten wird. Die Stahlgußstücke
werden nach dem Gießen in eine Glühkammer gebracht, wo sie langsam erkalten.
Bekannt für die Herstellung von guten Stahlgußstücken sind die Firma Krupp in Essen
und der „Bochumer Verein" in
Bochum.

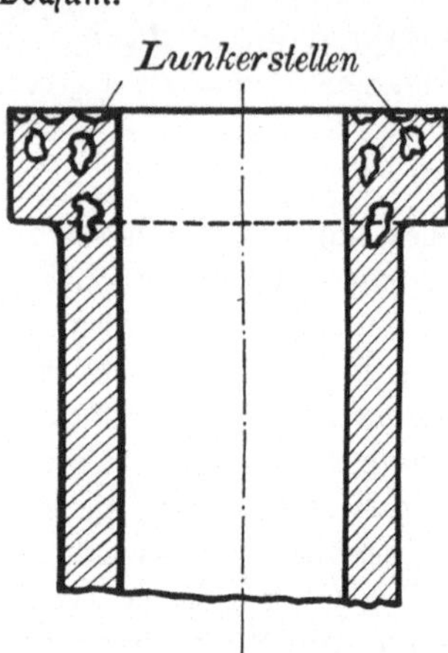

Abb. 82.

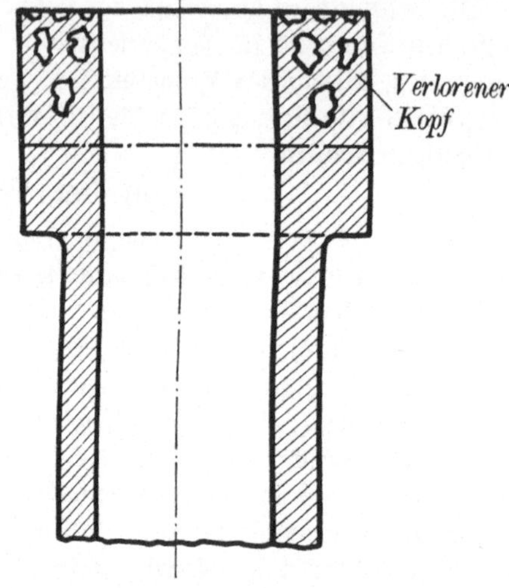

Abb. 83.

C. Wichtige Metalle und Legierungen.

1. Das Kupfer.

a) Vorkommen. Das Kupfer war schon in den ältesten Zeiten bekannt und
wurde zuerst gediegen gefunden. Auch jetzt noch kommt es vereinzelt gediegen vor am
Obern See in Amerika und in Chile. Meistens ist es aber mit Eisen und Schwefel
oder Sauerstoff verbunden. Die wichtigsten Kupfererze sind: Kupferkies (messing=
gelb), Buntkupfererz (kupferrot), Rotkupfererz (rotgrau).

b) Gewinnung. Die Erze werden zunächst geröstet und dann mit Holzkohle
in Schachtöfen geschmolzen. Man erhält so das sog. Schwarzkupfer. Durch noch=
maliges Schmelzen wird es von Verunreinigungen befreit, und man hat so das
reine Kupfer. Neuerdings gewinnt man das Kupfer auch auf chemischem Wege.
Das in den Erzen enthaltene Kupfer wird in einer Mischung von Salzsäure und
verdünnter Schwefelsäure gelöst und setzt sich am Boden ab. Durch Zusammen=
schmelzen erhält man das sog. Zementkupfer.

c) Eigenschaften. Kupfer ist das einzige Metall von roter Farbe. Es hat
einen schönen, starken Glanz, ist geschmeidig und dehnbar. Es läßt sich leicht
schmieden, löten und unter Umständen auch schweißen. Durch öftere Bearbeitung
wie Schmieden, Pressen, Drücken usw. wird es spröde. Diese Sprödigkeit kann je=
doch durch Erhitzen auf Rotglut und darauffolgendes Abkühlen in Wasser wieder

aufgehoben werden. Das Kupfer läßt sich nicht gießen. Der Guß würde porös und blasig werden. Man kann es zu Draht ausziehen und zu Platten walzen. An der Luft überzieht es sich mit Patina oder Edelrost von leuchtend grüner Farbe. Die Patina bildet für das Kupfer eine dauerhafte Schutzschicht. (Beispiele!) Von Salzsäure wird das Kupfer nicht angegriffen, dagegen wird es von Schwefel- und Salpetersäure beim Kochen gelöst. Wenn sich Kupfer mit Säuren verbindet, entstehen Salze (Grünspan). Alle Kupfersalze sind giftig. Speisen dürfen daher in Kupfergeschirren nicht aufbewahrt werden. Kupfer schmilzt bei 1100° C., sein spezifisches Gewicht beträgt 8,9.

d) Verwendung. Die deutsche Industrie verbraucht große Mengen von Kupfer, die meist aus Amerika eingeführt werden müssen, weil Deutschland nur $\frac{1}{7}$ seines Verbrauches selbst erzeugen kann. Wegen seiner guten **Wärmeleitfähigkeit** und **Haltbarkeit im Feuer** findet Kupfer Verwendung zu Heiz- und Siederohren, Feuerbuchsen für Lokomotiven, zu Kochkesseln und Braupfannen, Kühlschlangen, Lötkolben u. dgl. Die **Wetterbeständigkeit** des Kupfers macht es geeignet für Dachdeckungen an Monumentalbauten und Kirchtürmen, für Dachrinnen und Abfallrohre. In der **Leitfähigkeit für elektrischen Strom** wird das Kupfer nur von Silber übertroffen. Daraus ergibt sich die fast ausschließliche Verwendung des Kupfers für Leitungsdrähte aller Art und für Verbindungsteile in elektrischen Maschinen und Apparaten. Außerdem dient Kupfer zur Herstellung von Kupfermünzen, Kupferdruckplatten u. dgl. Eine umfangreiche Verwendung findet Kupfer in vielen Legierungen:

1. Bronze mit 90 bis 95 % Kupfer	4. Duranametall mit 65 % Kupfer
2. Rotguß „ 85 % „	5. Deltametall „ 56 % „
3. Messing „ 65 % „	6. Weißmetall „ 4—5 % „

2. Das Blei.

a) Vorkommen. Das Blei kommt in der Natur nicht rein vor, sondern als Erz. Das wichtigste Bleierz ist der Bleiglanz, eine Verbindung von Blei und Schwefel. Bleiglanz ist metallisch glänzend und wird im Erzgebirge und im Harz gefunden.

b) Gewinnung. Blei wird fast nur aus Bleiglanz gewonnen. Das Erz wird in Schachtöfen geschmolzen. Das so gewonnene Blei heißt **Werkblei**. Es wird manchmal noch umgeschmolzen und heißt dann **Raffinierblei**.

c) Eigenschaften. Das Blei hat eine bläulichgraue Farbe und im frischen Schnitt einen starken Glanz. Es ist ein weiches Metall und färbt ab. Es läßt sich zu Draht und zu Platten walzen sowie zu Röhren pressen. An der Luft überzieht es sich mit einer Oxydschicht, die es vor der Zerstörung schützt. Auch beim Schmelzen bildet sich auf dem Blei eine Oxydschicht, die sogenannte Bleiasche. In Schwefelsäure und Salzsäure löst es sich nicht auf, weil die entstehenden Bleisalze unlöslich sind und das darunter befindliche Metall schützen. Blei ist also **säurebeständig**. Von organischen Säuren (z. B. Essig) wird es gelöst, weshalb es für Küchengeräte nicht geeignet ist. Blei schmilzt schon bei 335° C. Sein spezifisches Gewicht ist sehr hoch. Es beträgt 11,4.

d) Verwendung. Beim **Hausbau** dient das Blei zum Decken der Dächer (größere Kirchenbauten), als Leitungsrohre, zum Verbleien der Fenster usw. Das Blei wird ferner gebraucht zur Herstellung von Plomben, Kugeln und Schrot. Besonders wichtig ist die Verwendung des Bleis in Akkumulatoren, deren Platten aus Bleigittern bestehen, die z. T. mit Bleiglätte und Mennige ausgestrichen werden. Da Blei gegen Säuren widerstandsfähig ist, kleidet man Beizbottiche und Säurebehälter damit aus. Im **Maschinenbau** findet Blei Verwendung zu Bleibacken für Schraubstöcke, als Bleibäder für Härtezwecke, zu Dichtungsringen und Scheiben, zum Befestigen von Eisenteilen in Steinsockeln sowie zu Legierungen (S. 57). Aus Blei wird auch Bleiweiß und Mennige hergestellt. Beide dienen als Anstrichfarbe, das erstere auch zur Herstellung von Bleiwasser zum Kühlen der Augen. Alle Bleiverbindungen sind giftig und führen leicht zu Bleivergiftungen. Deshalb ist überall Vorsicht geboten, wo mit Blei und Bleiverbindungen gearbeitet wird.

3. Das Zinn.

a) Vorkommen. Das einzige Erz, aus dem Zinn mit Erfolg gewonnen werden kann, ist Zinnstein. Zinnstein wird gefunden in Sachsen, Böhmen, vor allem aber in England, Australien, Malakka und Banka. Am bekanntesten ist das Bankazinn.

b) Gewinnung. Bei der Gewinnung wird das Erz zunächst zerkleinert und geröstet, alsdann in Schachtöfen geschmolzen.

c) Eigenschaften. Das Zinn ist fast silberweiß und **weich**, jedoch etwas härter als Blei. Beim Biegen hört man ein leises Knistern, das sogenannte Zinngeschrei. Das Zinn ist sehr **dehnbar**. Beim Schmelzen bildet sich ein gelblichweißes Zinnoxyd. Zum Gießen ist es ohne Zusatz eines anderen Metalles nicht geeignet. Es wird deshalb stets mit etwas Blei vermischt. Das Zinn schmilzt bei 230° C. und hat ein spezifisches Gewicht von 7,3.

d) Verwendung. Das Zinn wird im **Haushalt** gebraucht für Zinngeschirre (Zinnteller, Zinnlöffel, Zinndeckel für Bierkrüge usw.). Zinngeschirre dürfen nicht mehr als 10% Blei enthalten. Auch Spielwaren werden viel aus Zinn herstellt. Zinn läßt sich sehr fein auswalzen und heißt dann Stanniol. Dieses dient zum Einpacken von Schokolade, Käse, Seife, zur Herstellung von Flaschenkapseln usw. Auch Orgelpfeifen werden viel aus Zinn hergestellt. Ein Teil Blei und ein Teil Zinn zusammengeschmolzen ergibt das Weichlot (Lötzinn). Weichlot schmilzt schon bei 215°. Eisen wird verzinnt, indem man es mit Schwefelsäure beizt und dann in geschmolzenes Zinn taucht, über dem sich flüssiger Talg befindet. Man erhält so das Weißblech. Im **Maschinenbau** findet Zinn Verwendung zu den verschiedensten Legierungen (S. 57).

4. Das Zink.

a) Vorkommen. Das Zink kommt in der Natur nicht frei vor, sondern ist entweder mit Schwefel oder mit Kohlensäure verbunden. Im ersten Falle heißt das Erz Zinkblende, im letzten Falle Zinkspat oder Galmei. Galmei sieht ähnlich wie Kalkstein aus. Die wichtigsten Fundstätten dieser Erze liegen in Oberschlesien, Belgien und England.

b) Gewinnung. Die Erze werden geröstet und alsdann in tönernen Muffeln oder Retorten geschmolzen. Es bildet sich das Tropfzink, welches zu Barren geformt wird.

c) Eigenschaften. Das Zink hat eine bläulichweiße Farbe und einen starken Glanz. Bei gewöhnlicher Temperatur ist das Zink spröde. Zwischen 100 und 150° wird es dehnbar, und über 200° wird es wieder spröde. An der Luft überzieht sich das Zink mit einer grauweißen Schicht, die es vor weiterer Zerstörung schützt. Zink schmilzt bei 410°; sein spezifisches Gewicht beträgt 7.

d) Verwendung. Eine große Verwendung findet das Zink als Zinkblech. Zinkblech wird angewandt für Dachrinnen, Dachbedeckungen, Kisteneinlagen, Eimer, Wannen usw. Ferner dient das Zink zum Verzinken von Eisenblech. Zink oxydiert im flüssigen Zustand leicht und bildet dann weiße Flocken, das Zinkweiß. Letzteres dient als Anstrichfarbe und ist für Innenräume besser geeignet als Bleiweiß, weil es nicht durch Schwefelwasserstoff geschwärzt wird. Wenn man Zink in Salzsäure löst, erhält man Chlorzink. Eine Verbindung von Chlorzink mit Salmiak gibt das Lötwasser. Im Maschinenbau findet Zink Verwendung zu den verschiedensten Legierungen.

5. Das Aluminium.

a) Vorkommen. Aluminium wurde erst im Jahre 1827 durch Woehler in Göttingen entdeckt. Es kommt nie gediegen vor, sondern ist enthalten in Tonerde und Bauxit.

b) Gewinnung. Tonerde und Bauxit werden in großen Retorten der Einwirkung des elektrischen Lichtbogens ausgesetzt, wobei das Aluminium ausschmilzt. Das Verfahren ist nur da lohnend, wo starke elektrische Ströme billig gewonnen werden (in Deutschland z. B. bei Rheinfelden in der Nähe von Schaffhausen, in Amerika an den Niagarafällen).

c) Eigenschaften. Aluminium ist ein Leichtmetall und nur ein Drittel so schwer wie Eisen (spez. Gewicht 2,6). Es ist bläulich-weiß, steht in der Härte zwischen Zinn und Zink, läßt sich gut walzen, ziehen und drücken, aber schlecht gießen. Aluminium ist auch ein guter Leiter für Wärme und Elektrizität. Es oxydiert an der Luft und im Wasser nicht. Das im Handel befindliche Aluminium enthält meist etwas Eisen.

d) Verwendung. Wegen seines geringen Gewichtes wird Aluminium zu Konstruktionsteilen an Flugzeugen, Luftschiffen und tragbaren Apparaten verwandt. Seine Wärmleitfähigkeit macht es geeignet für Kochtöpfe, Kochkessel u. dgl. Ein Gemisch von Eisenoxyd und Aluminium ergibt das Thermit. Es verbrennt mit hoher Temperatur (3000°) und wird bei der Thermitschweißung verwandt (vgl. S. 41). Legiert man Aluminium mit anderen Metallen, so werden seine Festigkeit und Gießbarkeit wesentlich besser. Solche Legierungen sind Duralumin und Zinkaluminium für gegossene Gehäuse an Automobil- und Flugzeugmotoren. Nachteilig für die Verwendung des Aluminiums ist es, daß es sich schlecht löten läßt.

Tabelle über Schmelzpunkte und spezifische Gewichte der wichtigsten Metalle.

	Schmelzpunkt	Spezifisches Gewicht
1. Schmiedeeisen	1600 °	7,9
2. Stahl	1400 °	7,8
3. Graues Roheisen	1200 °	7,2
4. Weißes „	1100 °	7,2
5. Kupfer	1100 °	8,9
6. Aluminium	650 °	2,6
7. Zink	410 °	7
8. Blei	330 °	11,4
9. Zinn	230 °	7,3
10. Weichlot (50 % Zinn, 50 % Blei)	215 °	8,9

6. Die Legierungen.

a) Allgemeines.

Die einfachen Metalle besitzen nicht immer die erforderlichen Arbeitseigenschaften für die einzelnen Arbeitsverfahren (Schmelzen, Gießen, Löten, Hämmern, Strecken, Walzen usw.). Im Maschinenbau benutzt man die reinen Metalle selten, da sie schwer gießbar, zu weich oder zu spröde sind. Durch Zusammenschmelzen geeigneter Metalle erhält man ein neues Metall mit den gewünschten Eigenschaften. Kupfer z. B. ist weich und dehnbar; es läßt sich jedoch schlecht gießen. Zink ist hart und spröde. Legiert man beide, so erhält man Messing. Es hat vom Kupfer die Dehnbarkeit, vom Zink die Härte und läßt sich gut gießen.

Die Legierungen werden hergestellt, indem man die Metalle in flüssigem Zustande vereinigt. Das schwer schmelzbare Metall wird zuerst flüssig gemacht. Dann löst man das leichter schmelzbare in dem flüssigen Metall auf. Die Fähigkeit der Metalle, sich zu legieren, ist sehr verschieden. Eisen z. B. legiert sich leicht mit Mangan, Wolfram, Chrom, Nickel usw. Die Vereinigung von Kupfer mit Eisen ist schon schwieriger, leicht dagegen die des Kupfers mit Zink.

Die Legierungen haben meist einen niedrigeren Schmelzpunkt als das Mittel der verwendeten einfachen Metalle. Sie sind immer härter als das in demselben enthaltene weichste Metall. Mit der Härte steigt auch die höhere Polierfähigkeit. Die Legierungen haben immer eine höhere Festigkeit als die einfachen Metalle, verlieren aber die Leitfähigkeit für Wärme und Elektrizität gegenüber diesen Metallen.

b) Die wichtigsten Legierungen und ihre Verwendung.

Legierung	Kupfer	Zinn	Zink	Blei	Alumin.	Antimon	Eisen / Magnes.	Eigenschaften und Verwendung
Aluminium-bronze	95				5			Schwer bearbeitbar, geeignet für Schleif-ringe bei hoher Umfangsgeschwindigkeit, für Achsen und Wellen
Phosphor-bronze	92	8						Leichter gießbar, verwendet für hoch be-anspruchte Maschinenteile, z. B. Zahn- und Schneckenräder
Maschinen-bronze	86	12	2					Leicht gießbar, beständig gegen Witte-rungseinflüsse, geeignet für Ventile, Ex-zenterbügel und Zapfenlager, Büchsen, Schieber und Pumpenkolben
Rotguß	86	3	11					Rötliche Farbe, rostet nicht, läßt sich sehr gut gießen nnd sauber bearbeiten. Aus-gezeichnetes Lagermetall, auch für dünn-wandige Gußstücke, z. B. Gehäuse für wasserdichte Apparate, Ventile, Ventilsitze, Ventilgehäuse, Armaturen für Dampf-kessel und Pumpen
Messing	65		35					Gelbliche Farbe, rostet nicht, läßt sich blasenfrei gießen und sauber bearbeiten. Geeignet für Gußteile mit dünnen Wan-dungen, die auf Zug, Druck und Biegung beansprucht werden, z. B. Schieber, Hähne, Schlauchverbindungen, Ventile
Durana-metall	65	2	30		1,5		1,5 E	Schmiedbar, besitzt große Festigkeit, läßt sich gut gießen, gegen Witterungseinflüsse und Säuren fast unempfindlich, geeignet für stark beanspruchte Maschinenteile
Deltametall	56		42	1			1 E	Ähnlich dem Duranametall
Weißmetall	4	85				11		Leicht gießbar, geeignet für Maschinen-teile, die einer reibenden oder drehenden Bewegung ausgesetzt sind, Lagermetall für Dampfmaschinen, Turbinen, Dynamo-maschinen und Motoren
Spritzmetall	3	65	17			15		Geeignet für Gußstücke mit scharfen Rän-dern und großer Genauigkeit, aber ge-ringer Festigkeit, z. B. Zählrädchen, Meß-instrumenten-, Schreib- und Rechenmaschi-nenteilen
„	1	10	77			12		
Duralumin	4,5				95		0,5 M	Verwendet für Luftschiff- und Flugzeug-bau sowie für tragbare Apparate
Zink-aluminium	2		10		88			Geeignet für Gußgehäuse an tragbaren Apparaten und Automobilmotoren
Weichlot		50		50				Schnellot für Weichlötungen

D. Die Materialprüfung.

1. Allgemeines.

Unsere Industrie ist darauf angewiesen, ihre Erzeugnisse nicht nur im Inlande sondern auch im Auslande abzusetzen. Das Ausland tritt hierbei in einen scharfen Wettbewerb mit uns ein. Es wird uns nur dann möglich sein, wettbewerbsfähig zu bleiben, wenn wir in der Lage sind, die besten Qualitätserzeugnisse zu Weltmarkt preisen zu liefern. Qualitätserzeugnisse bedingen jedoch neben der Qualitätsarbeit vor allem Qualitätsmaterial. Insbesondere muß unsere Maschinenindustrie Wert auf die Verwendung von Materialien legen, die in bezug auf Haltbarkeit, Verschleiß usw. allen Anforderungen entsprechen. Beim Bezug der Rohmaterialien verlangt daher der Besteller, die Maschinenfabrik, von ihrem Rohstofflieferanten, z. B. von der Eisenhütte oder dem Stahlwerk, daß das zu liefernde Material be stimmte, genau vorgeschriebene Eigenschaften besitzt. Die Hütten und Stahlwerke überwachen zu diesem Zweck die Gewinnung und Herstellung ihrer Eisen= und Stahlsorten und unterziehen sie einer eingehenden Prüfung. Gut eingerichtete Betriebe, z. B. größere Maschinenfabriken, haben auch meistens eine besondere Abteilung, in der das angelieferte Material vor seiner Verwendung eingehend untersucht und ge prüft wird. Es kommt nur dann zur weiteren Verwendung in die Werkstatt, wenn es fehlerfrei ist und die für seinen Zweck vorgeschriebenen Eigenschaften besitzt.

2. Die Materialeigenschaften.

Für den Maschinenbau sind insbesondere die Eigenschaften der Metalle, an erster Stelle die Eigenschaften der verschiedenen Eisen= und Stahlsorten von Wichtig keit. In der Hauptsache kommen folgende Eigenschaften der Metalle und ihre Prüfung in Frage:

Festigkeit, Härte, Zähigkeit und Sprödigkeit, Formänderungsvermögen, Bearbeit samkeit oder Bildsamkeit.

Andere Eigenschaften, deren Prüfung auch oft notwendig ist, sind:

Spezifisches Gewicht, Ausdehnung durch Wärme, Schmelzpunkt, Siedepunkt, Leit fähigkeit für den elektrischen Strom usw.

Die Prüfung der Metalle erstreckt sich besonders auf Festigkeit, Elastizität und Bruch.

a) Festigkeit der Metalle.

Jedes Metall läßt sich teilen, z. B. zerschneiden, zerfeilen, zerreiben usw. Eine solche Teilung kann man sich beliebig weit fortgesetzt denken, so daß schließlich Teilchen entstehen, die nicht mehr teilbar sind. Diese kleinsten Teilchen, die man mit dem bloßen Auge nicht mehr wahrnehmen kann, von denen jedoch jedes ein zelne Teilchen die Eigenschaften des ursprünglichen Materials besitzt, nennt man Massenteilchen oder Moleküle. Der Zusammenhang der einzelnen Moleküle wird durch die zwischen denselben wirkende Zusammenhangskraft oder Ko häsion herbeigeführt. Bei der Teilung eines Metalles muß die Zusammenhangs=

kraft überwunden werden. Das Material setzt seiner Trennung einen inneren Widerstand entgegen. Diesen inneren Widerstand bezeichnet man mit Festigkeit. Je größer die Zusammenhangskraft eines Materials ist, um so größer ist seine Festigkeit. Stahl z. B. erfordert eine größere Kraft zum Zerschneiden als Blei, weil die einzelnen Massenteilchen des Stahls eine größere Zusammenhangskraft besitzen als die des Bleis. Stahl hat also eine größere Festigkeit als Blei.

b) Elastizität der Metalle.

Wird an einer Eisenstange ein Gewicht aufgehängt, so übt es einen Zug auf die Eisenstange aus. Dieser Zug verlängert die Stange. Eine solche Verlängerung nennen wir Formänderung. Die Formänderung ist oft nur klein; sie ist jedoch in jedem Falle vorhanden. Ein vollkommen starres Material, welches unter einer Belastung oder Beanspruchung keine Formänderung erleidet, gibt es nicht. Auch die geringste Belastung oder Beanspruchung ruft eine Formänderung hervor, die man messen kann, sofern die erforderlichen feinen Meßapparate zur Verfügung stehen.

Die Formänderung kann entweder eine vorübergehende, elastische oder eine bleibende sein. Elastisch heißt sie, wenn der Körper nach Aufhören der Belastung in seine ursprüngliche Form zurückgeht. Die Eigenschaft der Metalle, nach einer Belastung oder Beanspruchung wieder ihre ursprüngliche Form anzunehmen, nennt man Elastizität. Die Zusammenhangskraft bringt die einzelnen Massenteilchen des Körpers wieder in ihre ursprüngliche Lage zurück, wenn die Belastung aufhört. Nicht immer nehmen die Massenteilchen eines Körpers ihre ursprüngliche Lage wieder ein. Wenn die Formänderung ein bestimmtes Maß überschreitet, behält der Körper dieselbe teilweise oder ganz bei. Er bleibt verlängert, verkürzt, durchgebogen, verdreht usw. Die Grenze, bis zu der man einen Körper belasten oder beanspruchen darf, ohne daß eine bleibende Formänderung eintritt, nennt man Elastizitätsgrenze.

Beispiele:

1. Gummi ist sehr elastisch. Wird z. B. ein Gummiband an einem Ende gezogen, so verändert sich sein Querschnitt; sowohl die Breite als auch die Dicke des Bandes verringern sich, während sich seine Länge vergrößert. Hört das Ziehen des Bandes auf, so nimmt es seine ursprüngliche Form wieder an. Durch die äußeren Zugkräfte wurden die einzelnen Gummiteilchen voneinander entfernt. Nachdem die äußeren Kräfte aufhörten, kam die Zusammenhangskraft der Massenteilchen zur Wirkung und brachte sie wieder in ihre ursprüngliche Lage.

2. Blei ist unelastisch. Wird z. B. ein Bleidraht an seinen Enden gezogen, so verlängert er sich, und sein Querschnitt wird verringert. Nach Aufhören des Ziehens kehren die Massenteilchen des Drahtes nicht mehr in ihre ursprüngliche Lage zurück, weil ihre Zusammenhangskraft nicht groß genug ist.

c) Bruch der Metalle.

Wird ein Körper, z. B. ein Metallstab, über seine Elastizitätsgrenze hinaus belastet oder beansprucht, so tritt schließlich eine Zerstörung oder ein Bruch ein. Die Grenze, bis zu der man einen Körper belasten oder beanspruchen kann, ohne daß seine vollständige Zerstörung eintritt, nennt man Festigkeitsgrenze. Die Elastizitätsgrenze und die Festigkeitsgrenze liegen bei den verschiedenen Metallen sehr verschieden zu einander. Bei Gußeisen z. B. liegen die beiden Grenzen sehr nahe zusammen. Überschreitet man hier die Elastizitätsgrenze, so wird sehr bald die Festigkeitsgrenze erreicht, d. h. bei geringer Belastung über die Elastizitäts= grenze hinaus geht schließlich der Zusammenhang der einzelnen Teilchen verloren. Es tritt eine Zerstörung oder ein Bruch ein. Schmiedeeisen dagegen kann nach Überschreiten der Elastizitätsgrenze noch große Formveränderungen erleiden, bevor es zum Bruch kommt.

3. Die Festigkeitsarten.

Für den Maschinenbau sind die Festigkeitseigenschaften der Metalle von be= sonderer Bedeutung. Je nachdem die Körper (Maschinenteile) belastet oder bean= sprucht werden, unterscheidet man folgende Arten der Festigkeit:

a) Die Zugfestigkeit.

Ein Körper wird auf Zugfestigkeit beansprucht, wenn er an einem Ende festgehalten wird und am anderen Ende eine in der Mittellinie wirkende Zugkraft P auftritt, die den Körper zu verlängern oder zu zerreißen versucht (Abb. 84). Dasselbe ist der Fall, wenn zwei in der Längsrichtung auf= tretende, entgegengesetzt gerichtete Kräfte P auf einen Körper wirken (Abb. 85).

Beispiele aus dem Maschinenbau sind: Lastseile, Kranketten, Zugstangen, Riemen usw.

b) Die Druckfestigkeit.

Ein Körper wird auf Druckfestigkeit beansprucht, wenn er auf einer festen Unterlage aufliegt und eine in der Mittellinie wirkende Druckkraft P ihn zu verkürzen oder zu zerdrücken versucht (Abb. 86). Es können auch zwei in der Längsrichtung wirkende, entgegengesetzt gerichtete Kräfte P eine Beanspruchung auf Druckfestigkeit hervor= rufen (Abb. 87).

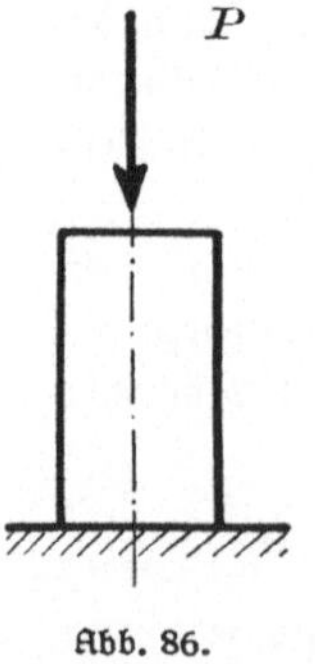

Beispiele aus dem Maschinenbau sind: Funda= mente, Unterlagplatten, kurze Stützen usw.

c) Die Scher= oder Schubfestigkeit.

Ein Körper wird auf Scher= oder Schubfestigkeit bean= sprucht, wenn zwei Kräfte P senkrecht zur Mittellinie des Körpers angreifen und den Körper in seinem Querschnitt durchzuschneiden oder durchzuscheren suchen (Abb. 88). Ein Beispiel hierfür bietet die Nietverbindung (Abb. 89). Die

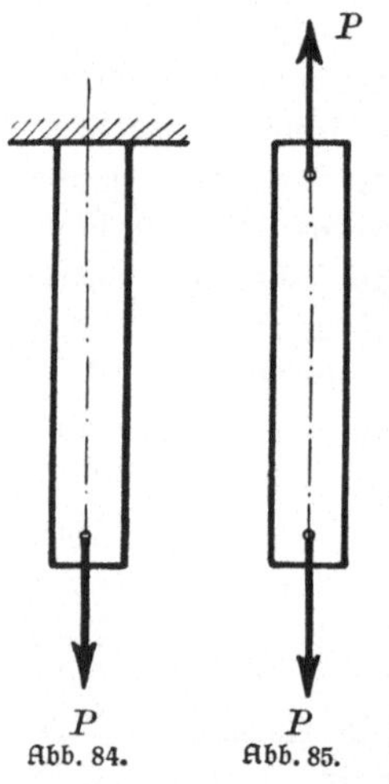

Abb. 84.   Abb. 85.

Abb. 86.

Abb. 87.

beiden Kräfte P suchen die Niet=
verbindung zu zerstören, wobei
schließlich der Niet in seinem run=
den Querschnitt durchgeschert wird
(Abb. 90).

Beispiele aus dem Ma=
schinenbau sind: Nietverbin=
dungen, Gestängeverbindungen,
Schraubenverbindungen usw. Bei
diesen Verbindungen werden die
Nieten, die Gestängebolzen, die
Schraubenbolzen usw. auf Scher=
festigkeit beansprucht.

Ein treffendes Beispiel für die
Scher= oder Schubfestigkeit bietet
auch das Lochen. Hier muß die
Kraft P, welche auf den Loch=
stempel wirkt, die Scher= oder
Schubfestigkeit des Materials über=
winden, wenn ein Lochen erfolgen
soll (Abb. 91).

d) Die Biegungsfestigkeit.

Ein Körper wird auf Bie=
gung beansprucht, wenn er an
einem Ende fest eingespannt ist
und eine Kraft P, die senkrecht
zu seiner Längsachse wirkt, ihn
durchzubiegen oder durchzubrechen
sucht (Abb. 92). Eine Biegungs=
beanspruchung tritt ebenfalls ein,
wenn ein Körper an seinen Enden
unterstützt ist und dazwischen eine
Kraft P einwirkt, die ihn durch=
zubiegen sucht (Abb. 93). Es kön=
nen auch mehrere Kräfte P in
dieser Weise wirken und eine Bie=
gungsbeanspruchung hervorrufen
(Abb. 94).

Beispiele aus dem Ma=
schinenbau sind: Träger, Hebel=
arme, Wagenachsen, Kurbelzapfen,
Zähne der Zahnräder usw.

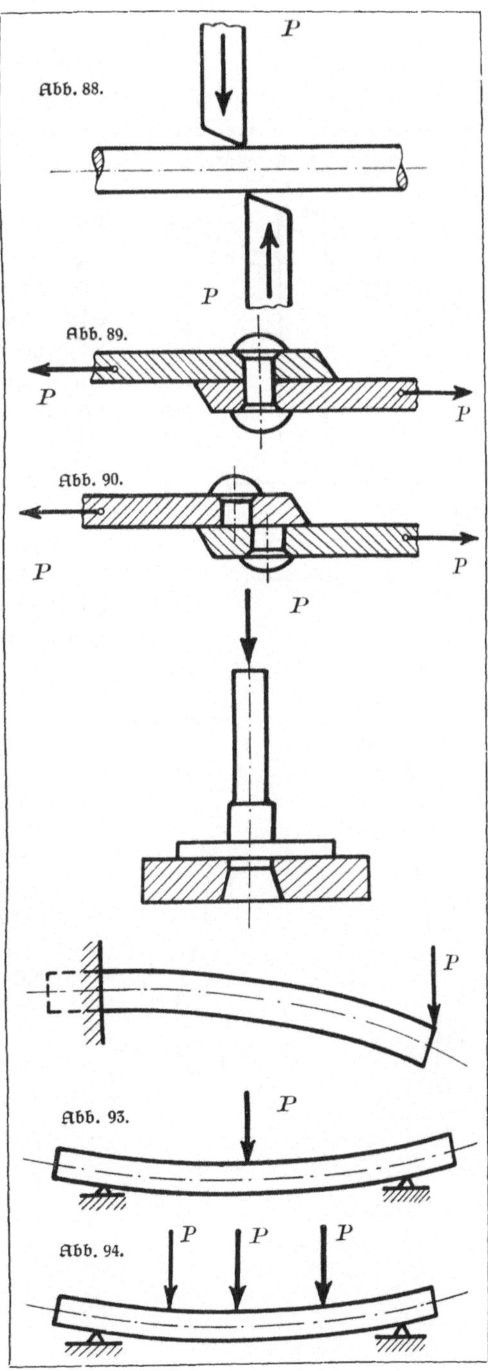

e) Die Drehungsfestigkeit.

Ein Körper wird auf Drehungsfestigkeit beansprucht, wenn er an einem Ende fest eingespannt ist und am anderen Ende zwei Kräfte P wirken, die ihn um seine Längsachse zu verdrehen suchen (Abb. 95). Zwei Kräfte, die in dieser Weise wirken, nennt man ein Kräftepaar. Die Beanspruchung auf Drehungsfestigkeit kann man sich praktisch auf einfache Weise klar machen. Man spannt ein dünnes Rundeisen oder einen Draht mit einem Ende in den Schraubstock. Auf das andere Ende setzt man einen Feilkolben auf und sucht mit Hilfe einer durchgesteckten Stange das Rundeisen zu verwinden oder zu verdrehen. Das Rundeisen wird in diesem Fall auf Drehungsfestigkeit beansprucht.

Beispiele aus dem Maschinenbau sind: Transmissionswellen, Achsen, Spindeln von Pressen, Gewindebohrer, Reibahlen, Spiralbohrer usw.

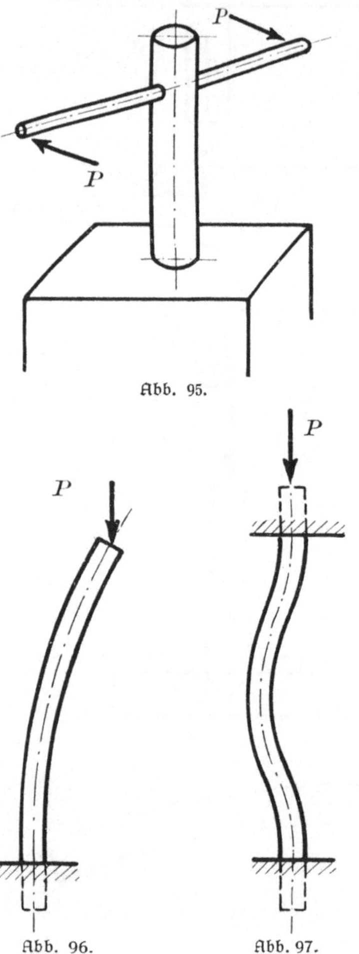

Abb. 95.

f) Die Zerknickungsfestigkeit.

Ein Körper wird auf Zerknickungsfestigkeit beansprucht, wenn er im Verhältnis zu seinem Querschnitt eine große Länge hat und eine in seiner Längsrichtung wirkende Kraft ihn zu zerdrücken bzw. zu zerknicken sucht (Abb. 96 u. 97). Durch die verhältnismäßig große Länge tritt noch vor dem Zerdrücken ein Zerknicken ein.

Beispiele aus dem Maschinenbau sind: Säulen, Kolbenstangen, Pleuelstangen usw.

Abb. 96.   Abb. 97.

4. Die Festigkeitsberechnung.

Wird ein Flacheisenstab von 8 qcm Querschnitt mit 8000 kg auf Zugfestigkeit beansprucht (Abb. 98), so hat jedes qcm eine Belastung oder Beanspruchung von 8000 : 8 = 1000 kg auszuhalten. Man schreibt dies „1000 kg/qcm". (Lies: „1000 kg je Quadratzentimeter".) Bei Konstruktions= oder Ma= schinenteilen darf die Elastizitätsgrenze niemals überschritten werden. Die Beanspruchung oder Belastung, welche man einem Material auf die Dauer mit Sicherheit zumuten darf, nennt man die zulässige Beanspruchung oder Belastung. Dieselbe muß weit unter der Elastizitätsgrenze liegen, damit keine bleibende Formänderung ein= tritt. Die Elastizitätsgrenze der einzelnen Materialien läßt sich verhältnismäßig schwer bestimmen. Einfacher gestaltet sich die Fest= stellung der Bruchgrenze. Man nimmt daher als zulässige Be= anspruchung oder Belastung stets einen bestimmten Teil der Bruch= belastung an. In der Regel wählt man die zulässige Beanspruchung nur als $^1/_4$ bis $^1/_5$ der Bruchbelastung. Das Material wird dann erst bei einer Belastung zerstört, die 4 bis 5 mal so groß ist als die zulässige Belastung. Man erreicht damit eine 4 bis 5 fache Sicherheit. Die untenstehende Tabelle gibt die Bruchbelastung und die zulässige Belastung der wichtigsten Eisen= und Stahlsorten für die verschiedenen Festigkeitsarten in kg/qcm an.

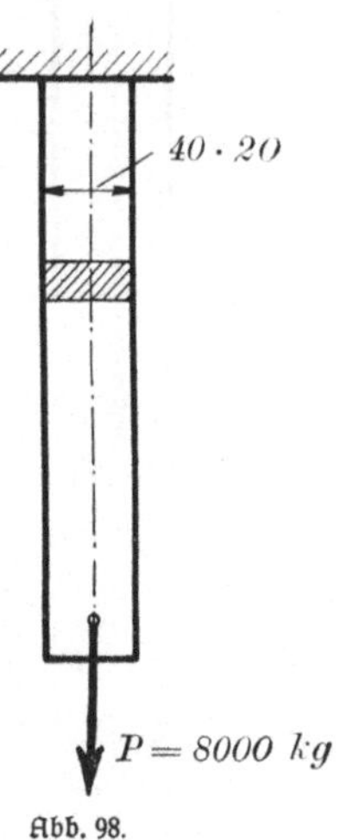

Abb. 98.

Beispiele:

1. Schweißeisen hat nach der Tabelle eine mittlere zulässige Beanspruchung auf Zug von 750—1000 kg/qcm. Die mittlere Bruchfestigkeit beträgt 3300 —4000 kg/qcm. Hieraus ergibt sich, daß die zulässige Beanspruchung rund $^1/_4$ der Bruchfestigkeit beträgt. Berechnet man also einen Konstruktions= oder Maschinenteil aus Schweißeisen mit dieser zulässigen Beanspruchung, so hat man etwa eine 4 fache Sicherheit gegen Bruch.

Mate-rial	Mittlere Bruchfestigkeit in kg/qcm auf		Mittlere zulässige Beanspruchung in kg/qcm auf				
	Zug	Druck	Zug	Druck	Schub	Biegung	Drehung
Schweiß=eisen	3300—4000	3300—4000	750—1000	750—1000	600—750	750—1000	300—330
Fluß=eisen	3800—4400	3800—4400	850—1200	850—1200	700—950	900—1200	500—800
Fluß=stahl	4500—9000	4500—9000	1200—1500	1200—1500	950—1200	1200—1500	900—1200
Stahl=guß	4000—7000	4000—7000	600—900	900—1200	500—850	750—1000	500—850
Guß=eisen	1200—1800	7500—9000	250—300	500—900	250—300	300—450	250—300

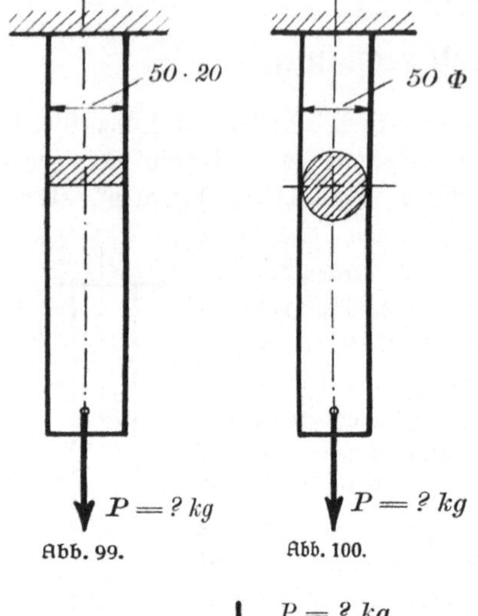

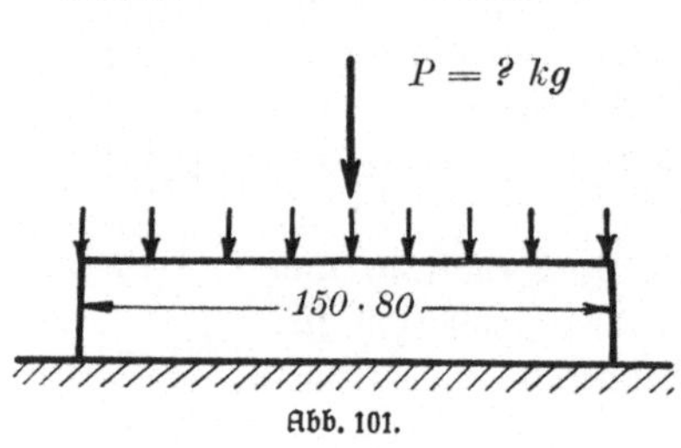

2. Flußeisen hat nach der Tabelle eine zulässige Bruchbeanspruchung von 850 bis 1200 kg/qcm. Seine Bruchfestigkeit beträgt 3800 bis 4400 kg/qcm. Die zulässige Beanspruchung beträgt also kaum mehr als $^1/_4$ der Bruchfestigkeit. Konstruktions oder Maschinenteile, die mit dieser zulässigen Beanspruchung von 850—1200 kg/qcm berechnet werden, haben also etwa eine 4 fache Sicherheit.

Aufgaben:

1. Welche Belastung P kann eine Flacheisenstange nach Abb. 99 aus Flußeisen auf die Dauer mit genügender Sicherheit aufnehmen? Die zulässige Beanspruchung auf Zug sei 800 kg/qcm.

Lösung:

Querschnitt des Flacheisens:

50 · 20 = 1000 qmm = 10 qcm.

Belastung P:

800 kg · 10 = 8000 kg.

2. Welche Belastung P kann eine Rundeisenstange nach Abb. 100 aus Flußeisen mit Sicherheit aufnehmen, wenn die zulässige Belastung auf Zug mit 1000 kg/qcm angenommen wird? Löse ähnlich wie Aufgabe 1.

3. Eine gußeiserne Unterlagplatte nach Abb. 101 von 150 mm Länge und 80 mm Breite soll eine gleichmäßig verteilte Last P aufnehmen. Die zulässige Belastung wird mit 700 kg/qcm angenommen. Wie groß kann die Last P sein? Löse ähnlich wie Aufgabe 1 und 2.

5. Die Materialprüfung.

Für die Prüfung der Materialien (Metalle), insbesondere des Eisens sind verschiedene Verfahren üblich. Man unterscheidet in der Hauptsache eine chemische Prüfung und eine mechanische Prüfung.

a) Die chemische Prüfung.

Die chemische Untersuchung und Prüfung erfolgt meist in den Hütten und Stahlwerken. Zu diesem Zweck verfügen die Hütten über chemische Laboratorien, in denen die erforderlichen Untersuchungen durchgeführt werden. Dort findet zunächst eine regelmäßige Untersuchung der Rohstoffe (Erze, Zuschlagmaterialien usw.), statt. Weiter wird dann die Erzeugung des Roheisens wie auch des Schmiede= eisens und Stahls einer fortlaufenden chemischen Prüfung unterzogen. Den Abschluß bildet die Untersuchung und Prüfung der fertigen Erzeugnisse.

b) Die mechanische Prüfung.

Die chemische Prüfung kann nicht alle Eigenschaften des Materials feststellen. Die für die Bearbeitung in Frage kommenden mechanischen Eigenschaften wie Schmiedbarkeit, Schweißbarkeit, Zähigkeit können nur durch rein praktische Proben wie Schmieden, Schweißen, Börteln, Verdrehen usw. geprüft werden.

Die mechanischen Eigenschaften, welche für die Beanspruchung der Materialien (Metalle) im Gebrauchszustande in Frage kommen, wie die verschiedenen Arten der Festigkeit (Zug=, Druck=, Biegungs=, Scher= und Verdrehungsfestigkeit), werden mit Hilfe besonderer Prüfmaschinen bzw. Vorrichtungen geprüft. Eine der wichtigsten Prüfungen ist hierbei die Bestimmung der Bruchfestigkeit.

E. Die Schmiermittel.

1. Zweck. Bei jeder Maschine gibt es Flächen, die bei der Bewegung aufein= ander reiben. Die Schmiermittel haben den Zweck, diese Reibung möglichst abzu= schwächen. Das Schmiermittel schiebt sich zwischen die sich reibenden Flächen. Da= durch tritt an Stelle der großen starren Reibung der Flächen die bedeutend kleinere flüssige Reibung des Schmiermittels.

2. Einteilung. Man teilt die Schmiermittel ein in: a) Mineralöle, b) Pflan= zenöle, c) Tieröle und Fette.

a) Die Mineralöle werden aus Kohle und Erdöl gewonnen. In der Hauptsache kommt das amerikanische und russische Rohpetroleum für die Gewinnung in Frage. Man unterscheidet dünn= und dickflüssige Mineralöle. Die dünnflüssigen Mi= neralöle tropfen schon bei gewöhnlicher Temperatur. Sie dienen daher für die Schmierung von Lagern, Gelenk= und Reibungsstellen, die sich an der freien Luft befinden. Die dickflüssigen Mineralöle werden erst durch entsprechende Er= wärmung flüssig. Man wendet sie daher zur Schmierung der Kraftmaschinen= zylinder an und nennt sie auch Zylinderöle. Die Hauptvorzüge der Mineral= öle sind ihre Säurefreiheit und die Eigenschaft, daß sie nicht verharzen. Die Färbung der Mineralöle ist gelb bis braun. Sie zeigen bei auffallendem Licht ein eigentümliches Schimmern. Amerikanische Öle haben hierbei eine grüne, russische Öle eine blaue Schimmerwirkung.

b) Die Pflanzenöle gewinnt man durch Auspressen von Pflanzensamen. Sie be= sitzen, selbst in dünnen Schichten aufgetragen, eine gute Schmierfähigkeit. Nach= teilig wirkt jedoch, daß sie sehr schnell verharzen und zur Säurebildung neigen, wodurch die Metalle angegriffen werden. Die Pflanzenöle werden daher auch im Maschinenbau fast gar nicht gebraucht.

Pflanzenöle sind:

1. Rüböl (Rapsöl), Farbe gelb bis braun, dickflüssig, wird zweckmäßig mit Mi= neralöl gemischt verwendet, wirkt sehr kühlend, ist jedoch teuer.

2. **Rizinusöl**, Farbe gelb, sehr zähflüssig, nicht mischbar mit Mineralöl, trübt sich bei 0°. Es dient hauptsächlich zum Schmieren der Umlaufmotoren für Flugzeuge, bei denen die Zuführung des Gasgemisches in die Zylinder durch das Kurbelgehäuse erfolgt. Da sich Rizinusöl in Benzin nicht löst, kann es durch das Benzingasgemisch nicht weggewaschen werden.

c) Die **Tieröle und Fette** werden aus Talg, Klauen, Knochen usw. gewonnen. Sie besitzen dieselben nachteiligen Eigenschaften wie die Pflanzenöle.

Ein Tieröl, welches im Maschinenbau für feinere Teile Verwendung findet, ist das Knochenöl. Es hat eine weiße bis gelbe Farbe, ist geruch= und ge= schmacklos und wird nicht leicht ranzig.

Die Schmierfette kommen unter dem Namen Maschinen= oder Staufferfett in den Handel. Sie dienen hauptsächlich zum Schmieren von schwer belasteten Lagern. Eine weitere Verwendung finden sie bei Zahnrädergetrieben, die in ge= schlossenem Gehäuse eingekapselt sind. Vielfach vermischt man reinen Graphit mit etwas Öl oder Fett und erhält dann auch ein vorzügliches Schmiermittel. Graphit leitet nämlich die Wärme sehr gut ab. Man wendet daher diese Schmie= rung mit Vorteil da an, wo ein Heißlaufen der Lager zu befürchten ist.

3. Prüfung auf Säuregehalt und Schmierfähigkeit.

a) Um den Säuregehalt zu prüfen, übergießt oder bestreicht man eine blanke Kupferplatte mit dem betreffenden Schmiermittel. Bildet sich nach einigen Ta= gen auf der Platte eine grüne Färbung, so ist Säure vorhanden.

b) Die Schmierfähigkeit prüft man, indem man zwischen zwei glatt geschliffe= nen Metallplatten eine dünne Schicht des Schmiermittels bringt. Lassen sich die Platten nach einiger Zeit nur schwer verschieben, so liegt ein Verharzen vor.

Bei der Handprobe muß sich gutes Öl vollkommen fettig anfühlen.

Verbrennt man eine kleine Menge Öl in einem Blechlöffel, so dürfen keine Rück= stände bleiben.

F. Die Schleifmittel.

1. Zweck. Soll eine ganz feine Schicht Material fortgenommen werden, so wen= det man Schleifmittel an. Die Härte des Schleifmittels muß also stets größer sein als die Härte des zu schleifenden Materials.

2. Einteilung und Handelsformen. Man teilt die Schleifmittel ein in:

a) Natürliche Schleifmittel: Korund, Schmirgel, Bimsstein, Sandstein, Ölstein, Holzkohle.

b) Künstliche Schleifmittel: künstlicher Korund und Karborundum.

Die Schleifmittel werden entweder gemahlen in verschiedenen Körnungen oder in Form von runden Scheiben (Schleifscheiben) verwendet.

Die gemahlenen Schleifmittel vermischt man beim Gebrauch mit Öl, um ein Anhaften an den zu schleifenden Stellen herbeizuführen. Auch leimt man sie auf Leder, Leinen, Holz und Papier auf und erhält dann Schmirgelleinen, Schmirgel= hölzer, Schmirgelpapier.

Bei den Schleifscheiben unterscheidet man in der Hauptsache zwei Arten, und zwar:

1. Schleifscheiben aus natürlichem Sandstein. Sie eignen sich für Naßschliff von Werkzeugen, wie z. B. Drehstählen, Bohr- und Fräsmessern, Spiralbohrern, Meißeln usw.
2. Schleifscheiben aus Schmirgel, Korund usw., sogenannte Schmirgelscheiben. Sie dienen zum Trockenschliff von Werkzeugen, wie z. B. Fräsern, Reibahlen, Spiralbohrern, Gewindebohrern und zeichnen sich durch eine gute Schnittfähigkeit aus. Eine weitere Verwendung finden die Schmirgelscheiben zum Rundschleifen von Maschinenteilen, z. B. Wellen. Man benutzt hierzu sogenannte Rundschleifmaschinen, und zwar hauptsächlich für Naßschliff.

Die Schmirgelscheiben werden von den betreffenden Firmen gebrauchsfertig geliefert.

Man stellt sie her, indem man die einzelnen Körnchen durch Bindemittel zusammenfügt und durch Brennen im Scharffeuer dann die versteinerte Scheibe erhält.

Anmerkung: Vgl. Näheres über Anwendung der Schleifmittel im zweiten Teil der Fachkunde für Maschinenbauerklassen von Stolzenberg.

G. Das Holz.

1. Vorkommen und Wachstum. Das Holz wird aus den Stämmen der Bäume gewonnen. Es besteht aus Holzfasern. Die Holzfaser hat sich aus kleinen Bläschen gebildet, die man Zellen nennt. Beim Wachsen des Baumes bildet sich jedes Jahr

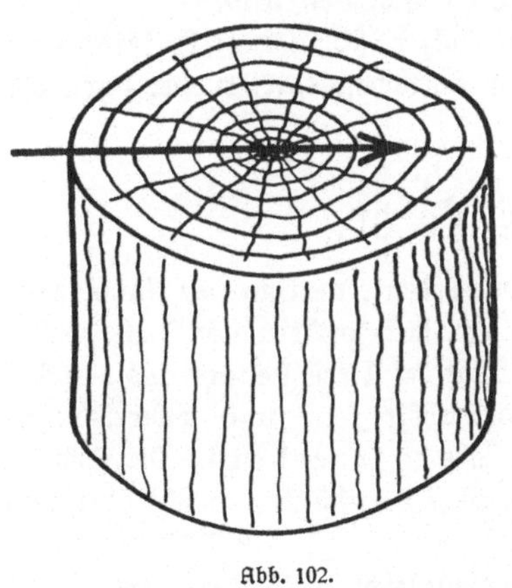

Abb. 102.

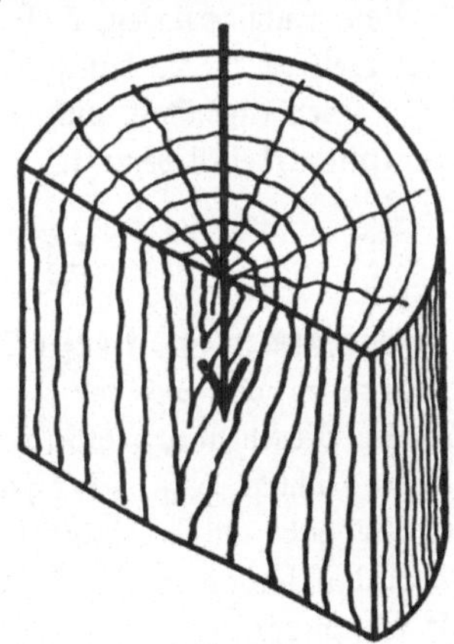

Abb. 103.

unter der Rinde eine neue Zellschicht. Einen Schnitt quer durch den Stamm nennt man Hirnschnitt (Abb. 102), einen Schnitt durch die Längsachse des Stammes nennt man Spiegelschnitt (Abb. 103)

Beim Hirnschnitt sieht man die einzelnen Zellschichten als Jahresringe. Das Holz in der Mitte zeigt dunklere Färbung und wird Kernholz genannt. Das Holz nach dem Rande zu ist heller gefärbt und heißt Splintholz. Es ist jünger und weicher als das Kernholz. Die Saftzufuhr für das Wachstum des Holzes findet im Splintholz statt. Das Holz wächst in unserer Gegend etwa von Februar bis November. Dann ist die Saftzufuhr sehr groß. Daher müssen die Bäume im Winter, wenn das Wachsen

5*

ruht, gefällt werden. Auch dann besitzt das Holz noch bis zu 45% Feuchtigkeit. Durch langes Lagern an der Luft oder künstliches Trocknen in besonderen Trockenkammern geht der Feuchtigkeitsgehalt bis auf etwa 15% herunter.

2. Einteilung und Arten. Man unterscheidet die Hölzer zunächst in Laub- und Nadelhölzer. Für technische Zwecke wichtig ist eine Einteilung in harte und weiche Hölzer.

Harte Hölzer sind z. B. Eiche, Buche, Esche, Nußbaum, Pitchpine (amerikanische Kiefer).

Weiche Hölzer sind Fichte, Tanne, Erle, Pappel, Linde.

Besonders harte Hölzer liefern uns die Tropen, z. B. Pockholz, Teakholz, Mahagoni.

3. Eigenschaften und Verwendung. Das Holz ist fest und zähe. Dabei läßt es sich gut teilen und schneiden. Das spez. Gewicht ist gering und schwankt zwischen 0,3 und 0,9. Das Holz ist also leichter als Wasser und schwimmt daher auf demselben.

Eine unangenehme Eigenschaft ist das Arbeiten des Holzes. Hierunter versteht man das Schwinden, Quellen, Verwerfen und Reißen desselben. Man verhindert dies durch das Sperren; d. h. man verleimt einzelne Bretter in der Längsfaser nach verschiedenen Richtungen.

Das Holz findet eine vielseitige Verwendung im Möbelbau, Hausbau, Schiffbau usw. Im Maschinenbau wird es hauptsächlich zur Anfertigung von Modellen gebraucht. Außerdem dient es zur Herstellung von Riemenscheiben, Kammzähnen, Feilenheften, Hammerstielen, Hebebäumen, Gerüstbauten usw.

Eine weitere Verwendung findet das Holz in Form von Holzkohle. Sie ist ein sehr reiner Brennstoff und wird beim Hartlöten, Härten, bei Kupferschmiede- und Klempnerarbeiten benutzt.

H. Das Leder.

1. Vorkommen und Herstellung. Das Leder kommt in der Natur nicht fertig vor, sondern es wird aus der Haut der Tiere, insbesondere der Ochsen, Kühe, Kälber, Schafe, Ziegen usw. gewonnen. Die Haut der Tiere besteht aus drei Schichten. Die untere Schicht heißt Fetthaut und enthält Fett- und Schweißdrüsen. Die darüber liegende mittlere Schicht ist die faserige Lederhaut. Die äußere Hautschicht heißt Oberhaut. Sie besteht aus einer Hornschicht, welche abgestorben ist und sich abschuppt.

In frischem Zustande geht die tierische Haut leicht in Fäulnis über. Dies könnte man durch Trocknen verhindern, da vor allem durch die Feuchtigkeit der Haut Fäulnis entsteht. Durch Trocknen wird jedoch die Haut hart und brüchig. Zur Verwendung als Leder muß sie geschmeidig und biegsam sein. Man behandelt die Haut daher mit verschiedenen Stoffen, den Gerbstoffen, wodurch sie haltbar und zugleich weich und geschmeidig wird. Die mit Gerbstoffen behandelte Haut nennt man Leder.

Das Gerben der Häute erfolgt auf folgende Weise:

Die Häute werden eingeweicht und gewässert. Dann wird die Oberhaut und die Unterhaut entfernt, nachdem man sie vorher durch entsprechende Stoffe bearbeitet hat (Kalk, Holzessig). Die Entfernung geschieht durch Abschaben mit einem Schabemesser. Hierauf erfolgt das Schwellen der Häute, indem man sie in sehr verdünnte Säure einlegt. Durch das Schwellen quellen die Häute auf, so daß sie den Gerbstoff besser in ihre Poren aufnehmen können. Nun erfolgt das eigentliche Gerben. Man unterscheidet hierbei:

a) Die Loh= oder Rotgerberei.

b) Die Mineral= oder Weißgerberei.

c) Die Öl= oder Sämischgerberei.

In der Lohgerberei benutzt man als Gerbstoff gemahlene Eichenrinde, soge= nannte Eichenlohe oder auch Fichtenlohe, sowie das amerikanische Quebracho= holz. Bei der Mineralgerberei wird Alaun oder Kochsalz zum Gerben gebraucht. Das so erhaltene Leder ist weiß. Daher auch der Name Weißgerberei. Neuerdings benutzt man an Stelle von Alaun oder Kochsalz eine Chromsalzlösung zum Gerben (Chromleder). Die Sämischgerberei ist wohl das älteste Verfahren zum Gerben. Hier werden die Häute mit Fett oder Tran eingerieben und an der Luft ausgehängt. Das so hergestellte Leder ist weicher und wolliger als andere Ledersorten. Es läßt sich waschen, ohne seine guten Eigenschaften zu verlieren. Man nennt es Waschleder.

Für das im Maschinenbau gebrauchte Leder kommt hauptsächlich die Loh= und die Mineralgerberei mit Chromsalzen in Frage. Die Häute werden schichtenweise mit Lohe in Gruben eingesetzt, die dann mit Wasser gefüllt werden. Das Wasser laugt die Lohe aus, und die Gerbsäure dringt in die Poren der Häute ein. Um die Zeit der Gerbung abzukürzen, verwendet man auch fertige Lohbrühe.

2. Arten und Verwendung. Man unterscheidet folgende Arten von Leder: a) Sohlleder, b) Sattlerleder, c) Oberleder, d) weißgegerbtes Leder und e) Waschleder.

Im Maschinenbau findet fast nur Sattlerleder Verwendung zur Anfertigung von Treibriemen. Es ist lohgegerbtes Leder oder Chromleder, welches mit Talg und Stearin eingefettet ist. Für Treibriemen nimmt man in der Regel das soge= nannte Kernleder. Dies ist das Leder aus dem mittleren Teil der Haut, die den Rücken des Tieres bildete. Rundriemen werden durch Rundhobeln oder durch Zu= sammendrehen in Schraubenwindungen hergestellt. Eine weitere Verwendung findet das Leder im Maschinenbau zur Anfertigung von Ledermanschetten für Kolben und Zylinder, sowie zu Dichtungsringen und Dichtungsscheiben bei Rohrleitungen.

J. Die Brennstoffe.

1. Allgemeines.

Die Brennstoffe bilden die Grundlage für die Industrie. Ohne sie kann sich keine Industrie entwickeln und ausbreiten. Wir sehen immer, daß Länder, in denen der wertvollste Brennstoff, die Kohle, gewonnen wird, auch eine hochentwickelte In= dustrie haben, z. B. Deutschland, England, Frankreich und Amerika. (Abb. 104 zeigt die Lagerstätten der Steinkohle und der Braunkohle in Deutschland.)

Die wichtigsten Brennstoffe sind die Steinkohle und die Braunkohle. Man ver= wendet sie zum Teil so wie sie sind, stellt aber auch andere Brennstoffe daraus her, wie Koks, Benzol, Benzin und Gas, wobei man gleichzeitig wertvolle Nebenprodukte erhält.

Die Brennstoffe werden nach ihrem Heizwert, nach ihrem Preis und nach ihrer Verwendungsmöglichkeit beurteilt. Der Heizwert wird ausgedrückt durch die Anzahl der Wärmeeinheiten, die bei der Verbrennung von 1 kg des Brennstoffes entstehen. So entwickelt z. B. 1 kg Steinkohle etwa 7500 Wärmeeinheiten (WE), 1 kg Braunkohlenbriketts 4500 WE, 1 kg Rohbraunkohle 2000 WE und 1 kg Koks 7000 WE.

2. Die Braunkohle.

a) Eigenschaften. Die Braunkohle ist erdig und bröckelig und hat ihren Namen von der braunschwarzen Farbe. Sie ist nicht so fest wie die Steinkohle. Da ihr Heizwert gering ist, wird sie in der Maschinenindustrie nur wenig benutzt. Meist wird sie vor dem Versand zu handlichen Briketts gepreßt.

b) Entstehung. Aus der Zusammensetzung kann man erkennen, daß die Braunkohle meist aus Nadelhölzern entstanden ist. Diese Nadelhölzer sind vor undenklichen Zeiten verschüttet, dann wahrscheinlich durch Wasserfluten abgeschwemmt und mit einer Sandschicht überdeckt worden. Durch den Abschluß von der Luft sind die Hölzer langsam verkohlt. Da sie aber in geringer Tiefe lagerten, ist die Verkohlung nicht so vollständig wie bei der Steinkohle.

c) Fundstellen. Deutschland ist reich an Braunkohlen. Zahlreiche Braunkohlengruben befinden sich in der Rheinprovinz bei Köln. Andere mächtige Lager sind in der Niederlausitz (Senftenberg) und in der Provinz Sachsen bei Halle und Bitterfeld, ferner in Bayern und an manchen anderen Stellen Deutschlands.

d) Gewinnung. Da die Braunkohle nicht tief liegt, kann sie durchweg im Tagebau gewonnen werden. Kostspielige Schachtanlagen, wodurch die Kohle verteuert wird, sind hierbei nicht nötig. Die Erdschicht, die das Braunkohlenlager bedeckt, wird zuerst durch Trockenbagger abgeräumt, so daß die Kohle freiliegt. Sie wird dann durch Spitzhacken losgeschlagen oder durch Bagger mit starken Zähnen losgerissen. Die Kohle rollt auf die Sohle des Tagebaues und wird durch eine Seilbahn in kleinen Wagen nach oben zu den Aufbereitungsanlagen befördert. Wenn die Deckschicht zu mächtig ist, muß man einen Schacht hindurchtreiben und die Braunkohle im Tiefbau gewinnen. Selten beträgt die Tiefe aber mehr als 100 m. Der Abbau wird durch die Schachtanlage teurer, umständlicher und gefährlicher. Schlagwetter und Kohlenstaubexplosionen braucht der Bergmann allerdings hier nicht zu befürchten, aber giftige Gase und Selbstentzündung der Kohle bedrohen Leben und Gesundheit des Bergmannes.

e) Aufbereitung. Nach der Förderung erfolgt die Aufbereitung der Braunkohle. Man läßt sie über Schüttelsiebe gehen und sortiert sie nach der Stückgröße. Dann wird sie in Güterwagen verladen und versandt. Diese Rohbraunkohle dient insbesondere jetzt bei der Kohlenknappheit an Stelle von Steinkohle als Kesselkohle. Meist zerfällt aber die Braunkohle bei der Gewinnung und bildet viel Grus. Daraus werden die Briketts hergestellt. Zuerst wird der Braunkohlengrus, der bis zu 50% Wasser enthält, in geheizten Trommeln getrocknet. Dann kommt er in eine Presse, wo er zu Briketts gepreßt wird. Durch den großen Druck

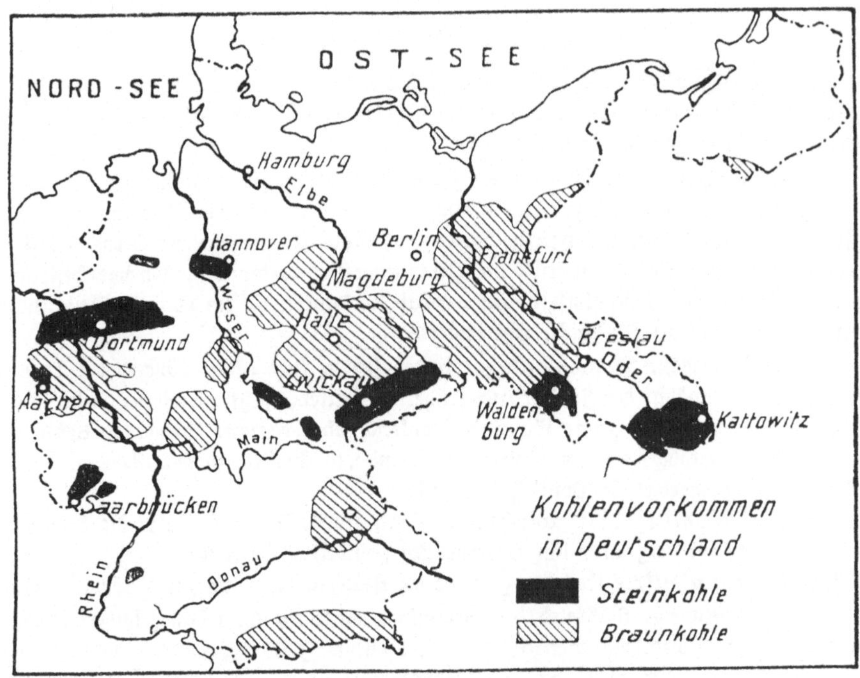

Abb. 104.

wird das Brikett gleichzeitig stark erhitzt. Die in der Braunkohle enthaltenen Harze und Öle verbinden in der Hitze den Grus zu einer festen Masse. Dadurch werden die Briketts auch für größere Entfernungen transportfähig. Braunkohlenbriketts sind als billiger Hausbrand sehr beliebt. Durch Vermischung mit anderen Brennstoffen erhält man die sogenannten Industriebriketts.

f) Nebenprodukte. Aus Braunkohlen mit starkem Harzgehalt gewinnt man den Braunkohlenteer. Der Rückstand heißt Grudekoks. In der Gegend von Magdeburg und Halle wird dieser in besonderen Küchenherden gebrannt und ist sehr beliebt. Aus dem Braunkohlenteer gewinnt man durch weitere Verarbeitung Benzol, Gasöl und Paraffin. Benzol wird vergast und dient zum Antrieb von Motoren. Gasöl wird mit Azetylengas gemischt und zur Beleuchtung der Eisenbahnwagen gebraucht. Aus Paraffin werden Kerzen hergestellt.

Aus nachstehender Übersicht ist zu erkennen, daß die Braunkohlenförderung Deutschlands durch Aufschluß weiterer Lager in den letzten 10 Jahren bedeutend gestiegen ist. (Rückgang der Steinkohlenförderung, teilweise Umstellung der Industrie auf Braunkohlenförderung.)

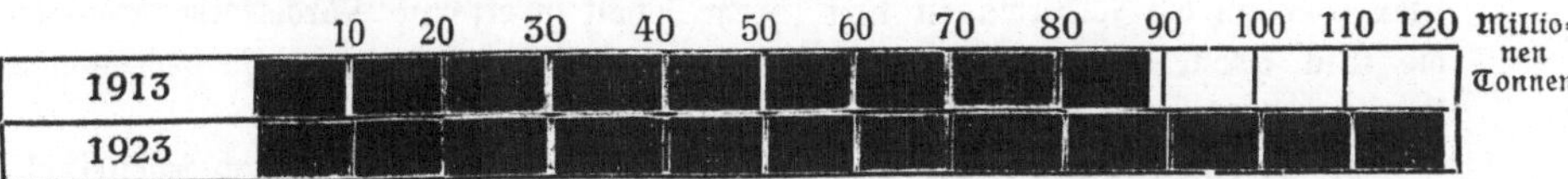

Deutschlands Braunkohlenförderung in Millionen Tonnen.

3. Die Steinkohle.

a) Eigenschaften. Die Steinkohle ist härter als die Braunkohle, läßt sich aber leicht in Stücke zerschlagen. Sie hat einen größeren Heizwert als die Braunkohle. Steinkohle : Braunkohle wie 6 : 4.

b) Entstehung. Die Steinkohle ist wie die Braunkohle aus Pflanzen der Urzeit entstanden. Damals herrschte in unseren Gegenden ein tropisches Klima. Die Pflanzen, meist Farne, gediehen in Sumpf und Wald zu ungeheurer Größe. Durch gewaltige Erdverschiebungen sind die Pflanzenmassen unter Schlamm und Gestein begraben worden. Abgeschlossen von der Luft, verkohlten sie im Laufe der Zeit, und unter dem Druck der Deckschicht versteinerten sie.

c) Vorkommen. Steinkohlenlager finden sich in fast allen Ländern der Erde. Deutschland stand in der Förderung früher an dritter, jetzt an vierter Stelle. Es wird von England, Nordamerika und Frankreich übertroffen. Gewaltige Kohlenlager sind neuerdings auch in China, in Island und Grönland festgestellt worden. Wichtige Kohlengebiete in Deutschland sind:

1. das Ruhrkohlengebiet zwischen Duisburg, Essen, Bochum, Dortmund, Hamm,
2. das Saarkohlengebiet bei Saarbrücken (zeitweilig Saarstaat),
3. das Oberschlesische Kohlengebiet bei Beuthen, Kattowitz und Königshütte.

d) Gewinnung. Während die Braunkohle meist im Tagebau gefördert wird, ist dies bei der Steinkohle wenig der Fall. In China z. B. (Provinz Schantung) ist der Tagebau möglich, weil dort die Kohle günstig liegt. Sonst ist der Tiefbau erforderlich, da die Steinkohle meist sehr tief lagert, bis zu 1500 m (Kölner Domtürme 150 m). Zuerst wird durch Tiefbohrung an verschiedenen Stellen versucht, ob Kohlen vorhanden sind. Ist dies der Fall, und liegt die Kohle nicht zu tief, so wird ein weiter, brunnenartiger Schacht „abgeteuft". Die Arbeit ist langwierig, schwierig und kostspielig. Starke Gesteinsmassen müssen durchbohrt werden. Am schlimmsten sind aber Schichten von Flugsand und wasserführende Schichten. Neuerdings wird hierbei das Gefrierverfahren angewandt. Rund um den Schacht werden Löcher in die Tiefe gebohrt und mit Rohren versehen, die unten geschlossen sind. Diese Rohre werden mit einer Flüssigkeit gefüllt, deren Temperatur unter dem Gefrierpunkt liegt. Die dadurch gekühlte Rohrwandung entzieht dem Erdreich so viel Wärme, daß es gefriert. So läßt sich der Schacht ohne Gefahr tiefer treiben. Er wird meist mit gußeisernen Ringen, „Tübbings" genannt, ausgekleidet. Wenn er die Kohlenschicht, das „Flöz" erreicht hat, werden nach rechts und links mannshohe Gänge, „Sohlen" genannt, in das Gestein gehauen. Von der Sohle aus führen Querschläge in die Kohlenflöze hinein. Die Kohlen werden von den Bergleuten durch Sprengmittel losgesprengt und auf Förderwagen geladen. Diese werden auf der Sohle gesammelt und durch Pferde oder Triebwagen zum Schacht befördert. Hier werden die Förderwagen mit ihrem Inhalt in eiserne Förderkörbe geschoben, die wie große Aufzüge aussehen. An starken Drahtseilen werden sie hochgezogen. Daneben gehen die leeren Wagen wieder nach unten.

e) Aufbereitung. Oben angekommen, werden die Kohlen durch Schüttelsiebe nach Stückgröße sortiert. Gleichzeitig werden auch die Steine ausgelesen. Darauf werden die Kohlen auf der Ladebühne in bereitstehende Eisenbahnwagen geladen, deren jeder etwa 15 t = 15000 kg = 300 Ztr. faßt.

f) Gefahren des Bergbaues. Der Beruf des Bergmanns ist gefährlich. In den Stollen lösen sich zuweilen einzelne Steine aus der Decke, „dem Hangenden", und gefährden den Bergmann. Mitunter stürzen aber auch ganze Strecken zusammen und verschütten ganze Gruppen von Arbeitern oder sperren sie vom Schacht ab. Am gefährlichsten sind die „schlagenden Wetter". Es sind dies Gase, die aus Erdspalten ausströmen und sich am offenen Licht leicht entzünden. Fast ebenso gefährlich ist der Kohlenstaub, der im trockenen Zustand auch explosionsartig verbrennen kann.

g) Schutzmaßnahmen. Die ausgebeuteten Strecken werden sorgfältig abgestützt. Besondere Sorgfalt verwendet man auch auf die Zuleitung frischer Luft. Es ist streng verboten, mit offenen Lampen ein Bergwerk zu befahren (Davysche Sicherheitslampe). Zur Verhütung von Kohlenstaubexplosionen werden die Wände ständig mit Wasser berieselt. Durch Wasserhaltungsmaschinen wird das überflüssige Wasser, welches sich unten im Schacht sammelt, ausgepumpt.

h) Arten der Steinkohle.

a) Nach ihrer Flamme unterscheidet man Magerkohle und Fettkohle. Die Magerkohle (Anthrazit) hat eine kurze, fast rauchlose Flamme und erzeugt eine große Hitze. Sie bildet wenig Ruß und hinterläßt wenig Schlacken. Daher eignet sie sich gut für Zimmerheizung in Dauerbrandöfen. Die Fettkohle hat eine lange Flamme, bildet viel Ruß und hinterläßt viel Asche und Schlacken.

b) Nach dem Verhalten auf dem Schmiedeherd unterscheidet man Backkohle und Sinterkohle. Die Backkohle bläht sich in der Hitze auf, schmilzt und bildet einen zusammenhängenden Kuchen. Dadurch werden die im Feuer liegenden Schmiedestücke vor Abkühlung geschützt. Die Sinterkohle backt ebenfalls, schmilzt aber nicht zu Klumpen zusammen.

c) Nach der Stückgröße unterscheidet man Stückkohlen, Nußkohlen und Grus. Stückkohlen zeigen große und kleine Stücke, wie sie gefördert werden. Nußkohlen werden in gleichmäßigen Stücken geliefert (drei Sorten von Haselnuß= bis Faustgröße).

Aus Steinkohlengrus werden Steinkohlenbriketts unter Zusatz von Steinkohlenteer gepreßt (vgl. Braunkohlenbriketts).

i) Nebenprodukte. Aus Steinkohlen wird durch Ausglühen das Leuchtgas gewonnen (S. 75). Dabei wird auch Steinkohlenteer und Ammoniakwasser abgeschieden. Der Rückstand ist Koks (S. 74). Aus dem Steinkohlenteer gewinnt man Benzol und die herrlichen Anilinfarben.

k) Bedeutung. Im Jahre 1913 (letztes Friedensjahr) wurden auf der ganzen Erde etwa 1350 Millionen Tonnen Steinkohle gefördert. (90 Millionen Waggons zu je 15 t Inhalt, oder 2 Millionen Güterzüge zu je 45 Waggons.) Deutschland hatte 1913 eine Förderung von etwa 190 Millionen Tonnen, die infolge der durch den Krieg verursachten Verhältnisse (Gebietsabtretung und Leistungsrückgang) auf $^1/_3$ gesunken ist. Über 1 Million Arbeiter sind im Bergbau beschäftigt und finden dort Arbeit und Brot. Rechnet man auf jeden Bergmann 3 Angehörige, so ergibt sich, daß in Deutschland etwa 4 Millionen Menschen vom Bergbau leben. Die

im Bergbau tätigen Arbeiter machen etwa 10% der in der Induſtrie beſchäftigten
Perſonen aus. Da unſere ganze Induſtrie, Eiſenbahn und Schiffahrt, Heizung und
Beleuchtung, ja unſer ganzes Daſein, ohne Steinkohle nicht denkbar iſt, ſo hängt von
der Arbeit eines Bergmannes die Beſchäftigung von zehn anderen Arbeitern ab.

Von der deutſchen Steinkohle wurden vor dem Kriege gebraucht:

zur Erzeugung und Verarbeitung von Eiſen . . . 33 %
für den Hausbrand . . . . 20 %
„ Schiffahrt und Elektrizität . . . . 18 %
„ den Betrieb der Eiſenbahnen . . . . 8 %
„ den Selbſtverbrauch der Zechen . . . . . 7,5 %
„ die Ausfuhr . . . . 7,5 %
„ die Gaswerke . . . . 6 %.

Die folgende Darſtellung gibt eine Überſicht über die Steinkohlenförderung
der wichtigſten Kohlenländer im Vorkriegsjahr 1913 und im Nachkriegsjahr 1923.
Zu beachten iſt insbeſondere der ſtarke Rückgang der Kohlenförderung Deutſch=
lands (Verluſt von Steinkohlengruben durch Gebietsabtretung, Rückgang des Ver=
brauchs in der deutſchen Induſtrie, Rückgang der Ausfuhr uſw.).

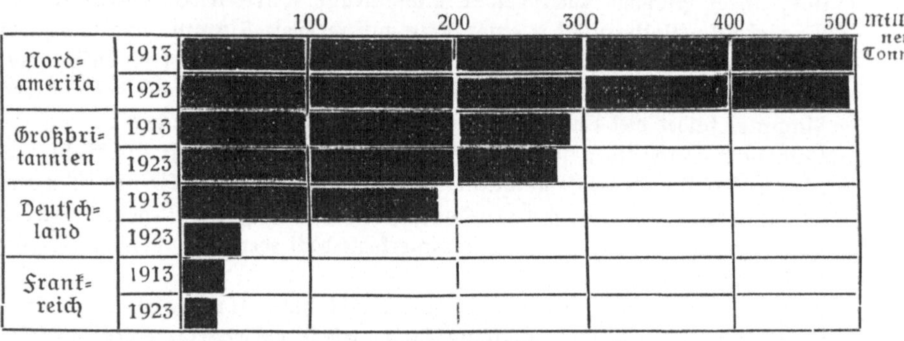

Steinkohlenförderung in Millionen Tonnen.

4. Koks.

a) Eigenſchaften. Der Koks iſt bedeutend härter als die Steinkohle. Er brennt
weniger leicht als Steinkohle, liefert aber bei ſtarker Luftzufuhr eine große Hitze
und entwickelt wenig Rauch und Ruß.

b) Gewinnung. Man unterſcheidet Gaskoks und Zechenkoks. Der Gaskoks iſt
der Rückſtand bei der Gasbereitung. Gashaltige Kohle wird hier in großen Ton=
gefäßen (Retorten) unter Luftabſchluß geglüht. Dabei entweicht das Gas und wird
aufgefangen. Aus dem Gas gewinnt man noch Teer und Ammoniakwaſſer (S. 73).
Die ausgeglühte Kohle wird aus den Retorten gezogen und abgekühlt. Sie bildet
den Gaskoks. Er hat durchweg kleinere Stücke. Härter und gröber iſt der Zechen=
koks. Mit den meiſten Zechen ſind Kokereien verbunden. In langer Reihe liegen
hier die Koksöfen wie mannshohe Backöfen nebeneinander. Sie ſind aus feuerfeſtem
Ton gebaut und vorne und hinten verſchließbar. Der Reihe nach werden ſie mit
Steinkohle gefüllt, verſchloſſen und angeheizt. Das entweichende Gas wird aufge=

fangen und an die umliegenden Städte als „Ferngas" weitergeleitet. Ist die Kohle vergast, so wird der ganze Inhalt des Ofens durch einen Schieber herausgedrückt. Die ausgedrückte Kohle erkaltet langsam und bildet den harten Zechenkoks in großen Stücken. Durch Überspritzen mit Wasser geht die Abkühlung schneller vor sich, und der Koks bildet kleine Stücke; er heißt dann Perlkoks.

c) Verwendung. Der Koks wird für den gewöhnlichen Hausbedarf wenig benutzt. Nur für Sammelheizungen („Zentralheizungen") ist er das beste und billigste Feuerungsmaterial. Auch zur Feuerung der Lokomotiven und für das Schmiedefeuer ist er geeignet. Wegen der großen Härte und Festigkeit wird er in großen Mengen zum Beschicken der Hochöfen benutzt. Kohlen kann man im Hochofen nicht gebrauchen, weil sie backen und auch von den darauf ruhenden Lasten zerdrückt würden. Der Koks gewährt ein stetiges, gleichmäßiges Nachsacken (S. 5). Dann erzeugt Koks auch bedeutend mehr Hitze, wodurch das Schmelzen des Erzes erleichtert wird.

5. Heizgas und Leuchtgas.

a) Einleitung. Gase sind luftförmige Körper. Es gibt viele Gase: z. B. Wasserstoff, Sauerstoff, Chlor usw. Unter Gas versteht man aber in der Regel das leichte Kohlenwasserstoffgas. Es ist leichter als die Luft und strömt deswegen immer nach oben. Es brennt mit heller Flamme, mit Luft gemischt explodiert es leicht.

b) Bedeutung. Das Gas spielt sowohl in der Industrie wie im Haushalt eine große Rolle. Es ist gleich wichtig für Motorenantrieb, für Heizung und Beleuchtung.

c) Erdgas. An manchen Stellen der Welt strömt das Gas aus der Erde. Es entsteht aus unterirdischen Ölablagerungen. Das Erdgas wird aufgefangen und kann ohne weiteres verwendet werden. Erdgasquellen finden sich in Pittsburg (Nordamerika), Baku (am Kaspischen See), in China und Indien. Neuerdings sind auch in der Nähe von Hamburg Erdgasquellen gefunden worden.

d) Vorversuch. Der Kopf einer Tonpfeife wird mit kleinen Kohlenstückchen gefüllt und mit Lehm verschmiert. Alsdann wird der Kopf über einer Spiritusflamme erhitzt. Es bildet sich Gas, welches aus dem Rohr ausströmt und entzündet werden kann. Den Vorgang nennt man trockene Destillation.

e) Gasbereitung. Die Gasbereitung im großen erfolgt in der Gasanstalt. Hier wird Steinkohle unter Luftabschluß geglüht. Man gebraucht dafür eine fette Backkohle. Über einer Feuerung liegen große Büchsen (Retorten) aus feuerfestem Ton (Schamotte). Jede Büchse faßt mehrere Ztr. Kohlen und kann durch einen Deckel fest verschlossen werden. Die gefüllten Büchsen werden auf annähernd 1200° erhitzt. Das Gas entweicht durch Steigerohre, die an die Büchsen angeschlossen sind. Da es heiß und mit verschiedenen Beimengungen vermischt ist, muß es gekühlt und gereinigt werden. Hierzu leitet man es zunächst in einen Luftkühler und dann in einen Wasserkühler. Der Luftkühler ist ein weiter Schacht. Das Gas tritt unten ein, kühlt sich etwas ab und wird oben wieder aufgefangen. Der Wasserkühler ist mit fließendem Wasser gefüllt. Das Gas wird in mehreren Rohrwindungen hindurchgeführt und kühlt sich weiter ab. In einem Teerabscheider werden dann Teer und Ammoniakwasser ausgeschieden. Hierauf wird das Gas zweimal gereinigt, im sogenannten Skrubber und im Reinigungskasten. Der Skrubber ist ein mit Koksstückchen gefüllter Behälter. Von oben rieselt Wasser herab, und das Gas strömt ihm von unten nach oben entgegen. In dem Reinigungskasten liegt auf Weidengeflecht gemahlenes Raseneisenerz, welches mit Sägespänen aufgelockert ist. Das Gas wird hier von dem Schwefel gereinigt und gelangt dann in den Gassammler (Gasometer). Das ist ein großer, eiserner Kessel, der unten offen ist. Er schwimmt im Wasser, um einen luftdichten Verschluß herzustellen. Das Gas strömt an der einen Seite ein und an der anderen Seite aus. Ist viel Gas in dem Kessel, so hebt er sich; strömt viel Gas aus, so senkt er sich. Aus diesem Kessel wird das Gas in den Druckregler gedrückt. Von hier aus gelangt es durch das Rohrnetz an die Verbrauchsstellen in Haus und Fabrik.

f) Nebenprodukte.

1. Die ausgeglühte Kohle wird aus den Retorten gezogen und abgekühlt. Sie heißt Koks (Gaskoks) und wird hauptsächlich für Sammelheizungen (Zentralheizungen) gebraucht.

2. Ein wichtiges Nebenprodukt ist der Teer. Er dient zum Teeren von Dächern und Straßen. Auch zur Herstellung der Dachpappe und der Steinkohlenbriketts wird er gebraucht. Ferner gewinnt man daraus die herrlichen Teerfarben (Anilinfarben).

3. Ammoniak wird aus dem Ammoniakwasser gewonnen. Es ist ein wichtiges Düngemittel für die Landwirtschaft. 1 t = 1000 kg Kohle ergibt: 300 cbm Gas, 750 kg Koks, 30 kg Teer und 10 kg Ammoniak.

g) Geschichtliches.

Die Leuchtgasbereitung ist von dem Engländer Murdoch 1792 erfunden worden. 1814 erhielt London, 1815 Paris, 1826 Berlin Straßenbeleuchtung durch Gas. Im rheinisch-westfälischen Industriegebiet haben neuerdings viele Großstädte ihre eigenen Gaswerke stillgelegt. Sie beziehen das Gas billiger von den Kokereien der Zechen und Hüttenwerke (S. 75).

h) Vorsicht beim Gebrauch.

Beim Gasverbrauch ist Vorsicht nötig.

1. Macht sich irgendwo Gasgeruch bemerkbar, so müssen unter Fernhaltung von offenem Licht die Fenster und Türen geöffnet werden.

2. Ist die schadhafte Stelle an der Hausleitung oder am Gasmesser, so muß bis zur Ankunft des Sachverständigen der Hauptabsperrhahn geschlossen werden.

3. Wenn der Hauptabsperrhahn geschlossen war und geöffnet werden soll, so ist darauf zu achten, daß alle Hähne an den unbenutzten Licht- und Heizstellen geschlossen sind.

4. Bei längerer Nichtbenutzung von Gas empfiehlt es sich, den Hauptabsperrhahn am Messer zu schließen.

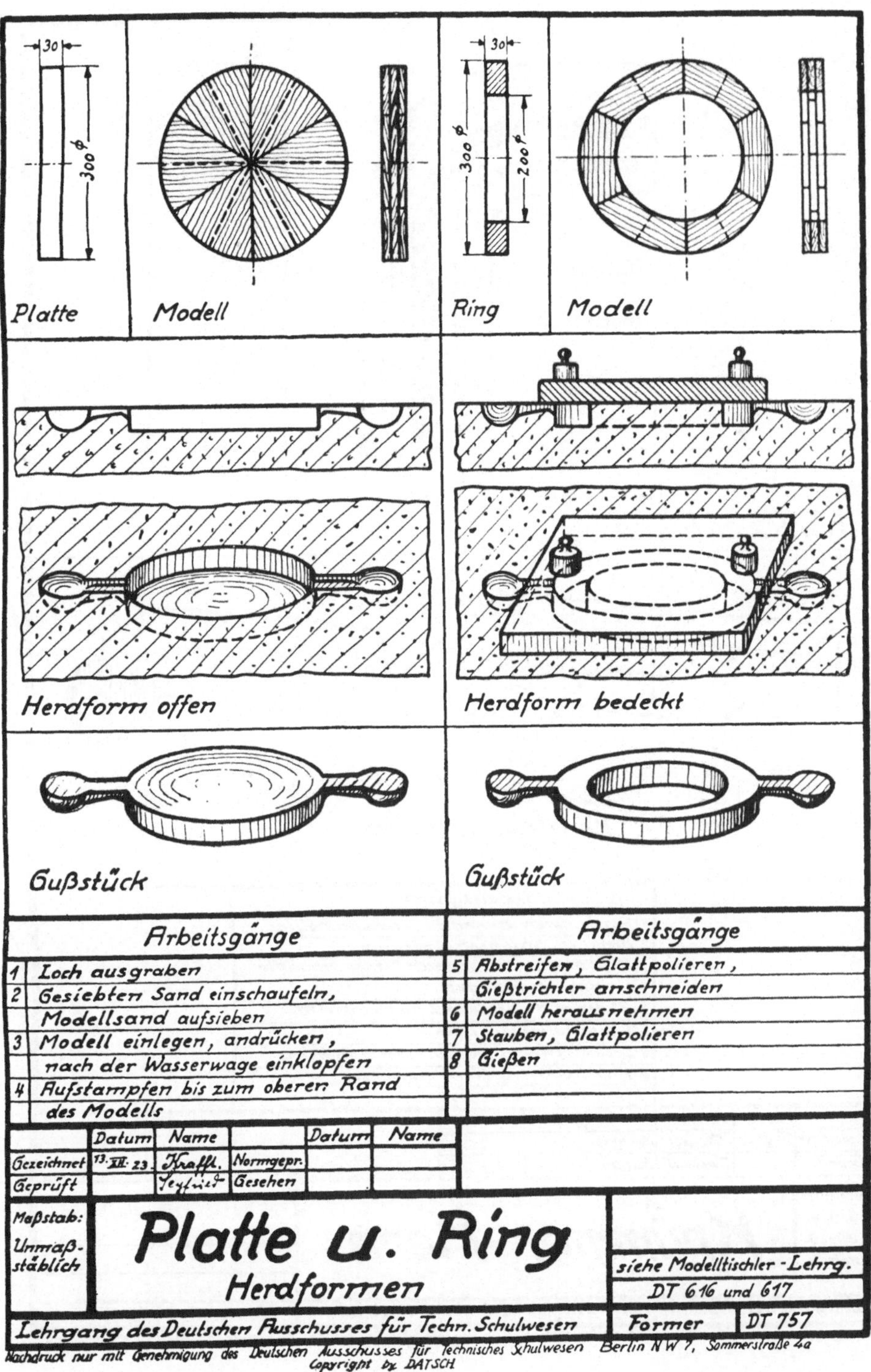

30
300 ⌀
Platte
Modell
30
300 ⌀
200 ⌀
Ring
Modell
Herdform offen
Herdform bedeckt
Gußstück
Gußstück
Arbeitsgänge
Arbeitsgänge
1 Loch ausgraben
2 Gesiebten Sand einschaufeln,
   Modellsand aufsieben
3 Modell einlegen, andrücken,
   nach der Wasserwage einklopfen
4 Aufstampfen bis zum oberen Rand
   des Modells
5 Abstreifen, Glattpolieren,
   Gießtrichter anschneiden
6 Modell herausnehmen
7 Stauben, Glattpolieren
8 Gießen
Datum Name   Datum Name
Gezeichnet 13. XII. 23. Krafft. Normgepr.
Geprüft   Seyfried   Gesehen
Maßstab:
Unmaß-
stäblich
Platte u. Ring
Herdformen
siehe Modelltischler-Lehrg.
DT 616 und 617
Lehrgang des Deutschen Ausschusses für Techn. Schulwesen
Former   DT 757
Nachdruck nur mit Genehmigung des Deutschen Ausschusses für Technisches Schulwesen Berlin NW 7, Sommerstraße 4a
Copyright by DATSCH

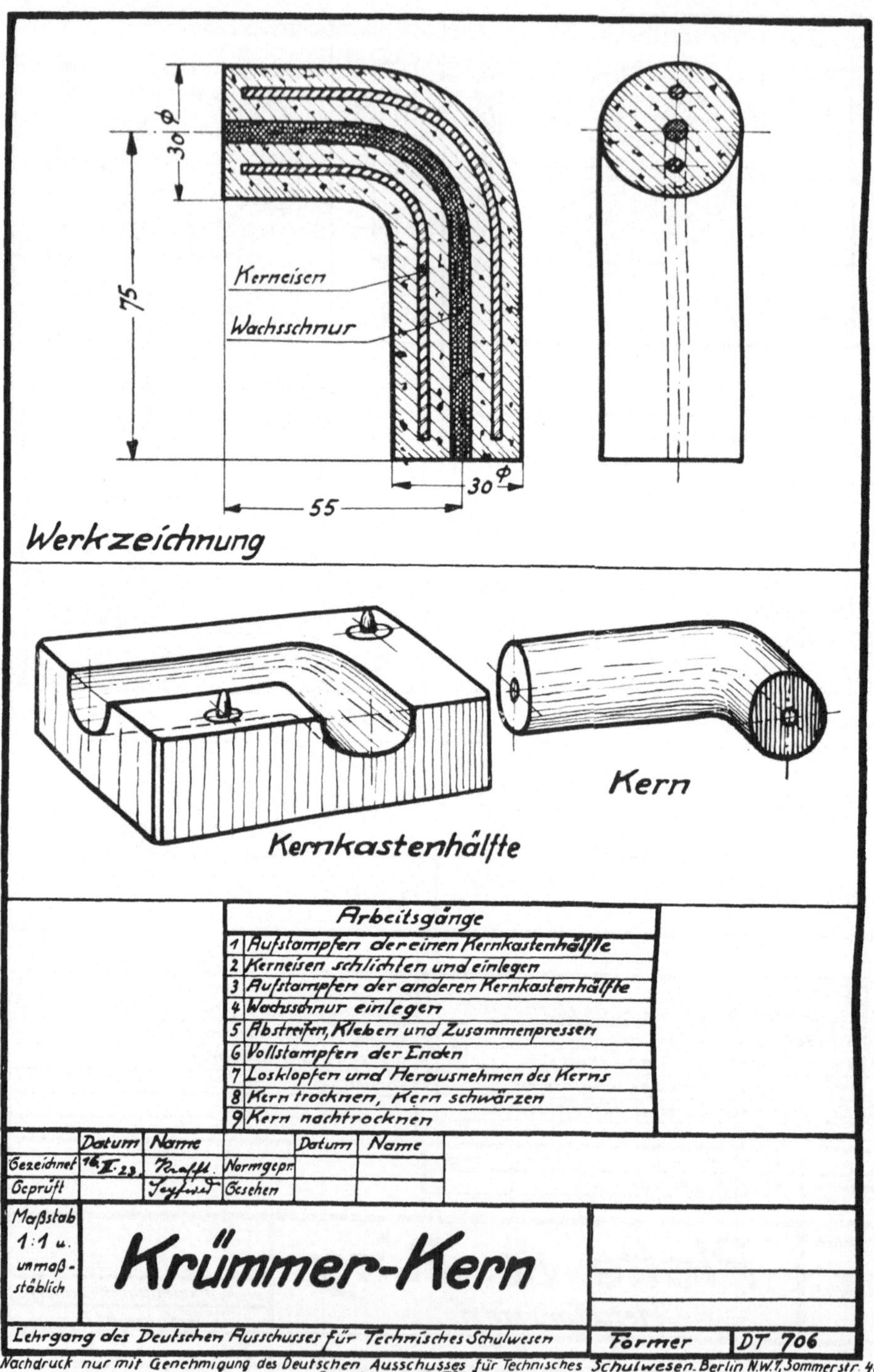

	Arbeitsgänge	
1	Aufstampfen der einen Kernkastenhälfte	
2	Kerneisen schlichten und einlegen	
3	Aufstampfen der anderen Kernkastenhälfte	
4	Wachsschnur einlegen	
5	Abstreifen, Kleben und Zusammenpressen	
6	Vollstampfen der Enden	
7	Losklopfen und Herausnehmen des Kerns	
8	Kern trocknen, Kern schwärzen	
9	Kern nachtrocknen	

	Datum	Name		Datum	Name
Gezeichnet	16.II.23	Krafft	Normgepr.		
Geprüft		Seyfried	Gesehen		

Maßstab 1:1 u. unmaßstäblich

Krümmer-Kern

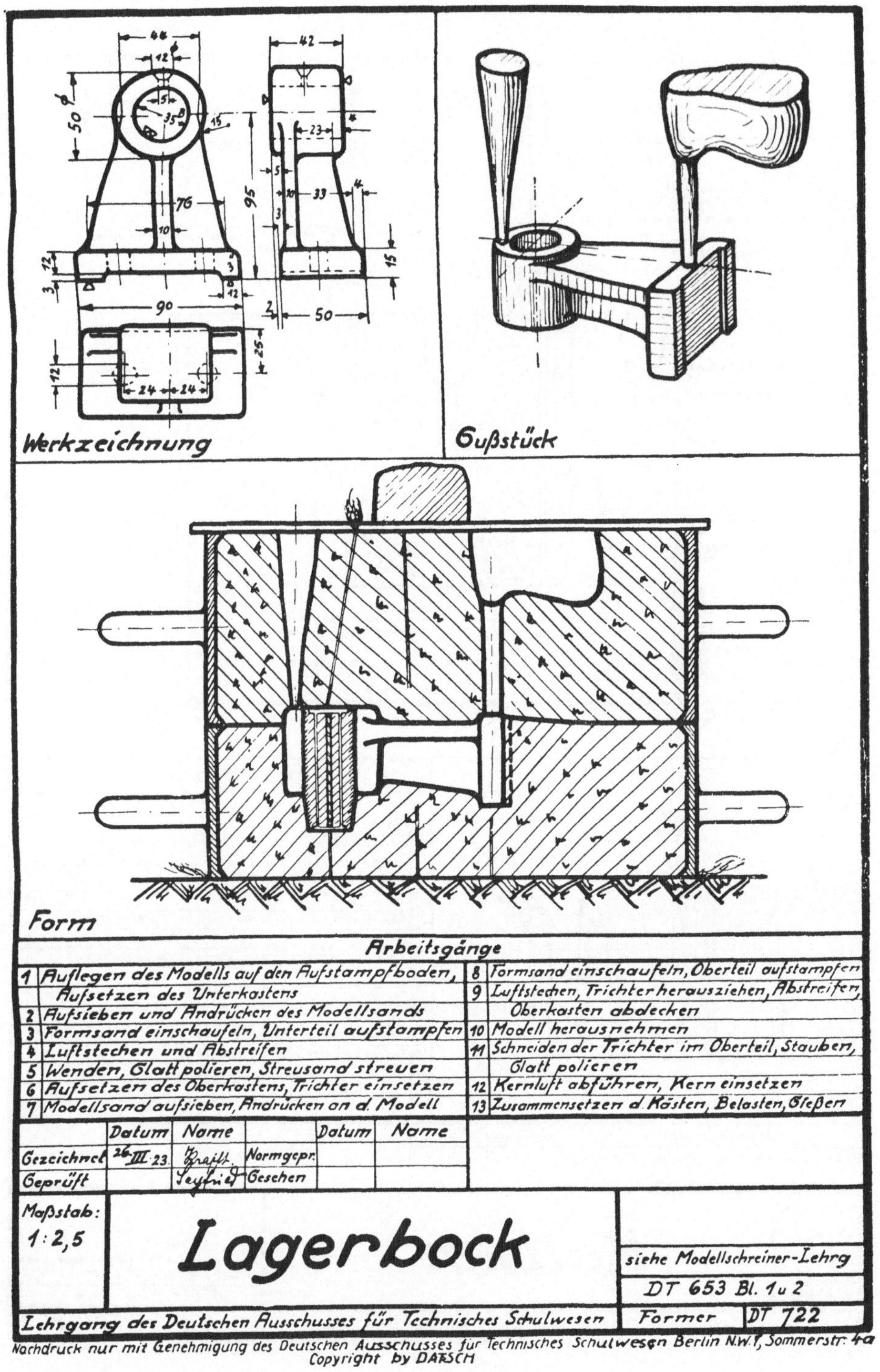

	Datum	Name		Datum	Name
Gezeichnet	26.III.23	Krafft	Normgepr.		
Geprüft		Seyfried	Gesehen		

Maßstab: 1:2,5

Lagerbock

siehe Modellschreiner-Lehrg

DT 653 Bl. 1 u 2

Lehrgang des Deutschen Ausschusses für Technisches Schulwesen | Former | DT 722

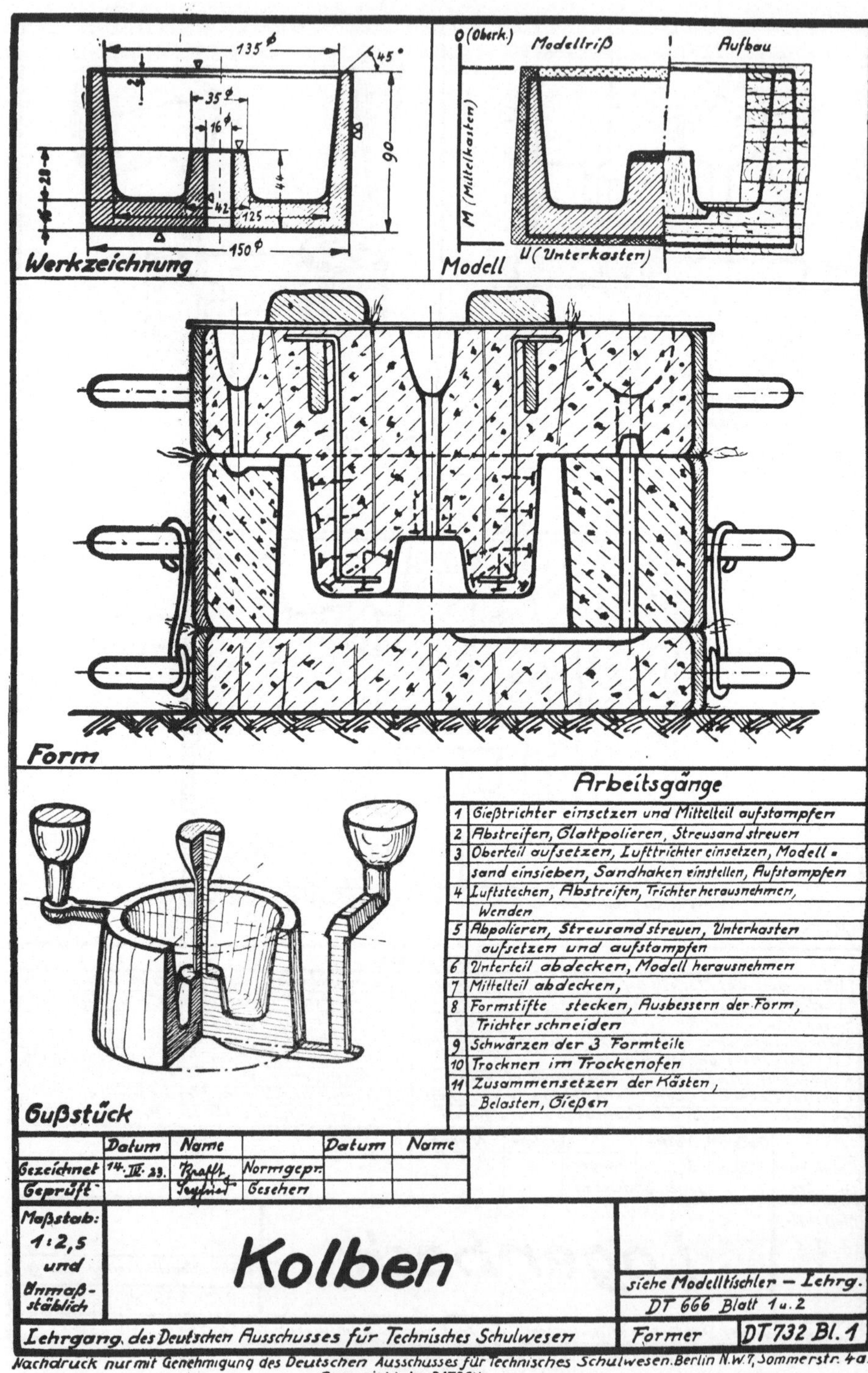

	Datum	Name		Datum	Name
Gezeichnet	14. IV. 23.	Kraft	Normgepr.		
Geprüft		Seyfried	Gesehen		

Kolben

Lehrgang des Deutschen Ausschusses für Technisches Schulwesen

Das Eisenhüttenwesen. Von Geh. Bergrat Prof. Dr. H. Wedding. 7. Aufl. Mit Fig. [U. d. Pr. 1925.] (ANuG Bd. 20.) Geb. M. 2.—

Unsere Kohlen. Eine Einführung in die Geologie der Kohlen unter Berücksichtigung ihrer Gewinnung, Verwendung und wirtschaftlichen Bedeutung. Von Bergassessor Privatdozent Dr. P. Kukuk. 3., verb. Aufl. Mit 56 Abb. im Text und 3 Tafeln. (ANuG Bd. 396.) Geb. M. 2.—

Die Maschinenelemente. Von Geh. Bergrat Prof. R. Vater. 4., erw. Aufl. Bearb. von Privatdoz. Dr. F. Schmidt. Mit 183 Abb. im Text. (ANuG Bd. 301.) Geb. M. 2.—

Maschinenbau. Von Ing. O. Stolzenberg. I. Teil: Werkstoffe des Maschinenbaues und ihre Bearbeitung auf warmem Wege. Mit 255 Abb. Geb. M. 4.—. II. Teil: Arbeitsverfahren. Mit 750 Abb. Geb. M. 7.—. III. Teil: Methodik der Fachkunde und Fachrechnen. Mit 30 Abb. im Text. Kart. M. 2.40

Gewerbekunde der Holzbearbeitung. Von Oberinspektor Studienprof. J. Großmann. Bd. I: Das Holz als Rohstoff. 2., neub. u. erw. Aufl. Mit 91 Textabb. Kart. M. 3.20. Bd. II: Die Werkzeuge und Maschinen der Holzbearbeitung. 2., neubearb. u. erweit. Aufl. Mit 358 Textabb. Kart. M. 5.—

Natur und Werkstoff. Grundlehren der Physik, Chemie, Werk- und Betriebsstoffkunde. Für Fachschulen und für den Selbstunterricht. Von Reg.-Baumeister Prof. F. Titz. Mit 37 Abb. und 2 Skizzentafeln. Kart. M. 2.—

Einführnng in die Technik. Von Geh. Reg.-Rat Prof. Dr. H. Lorenz. (ANuG Bd. 729.) Geb. M. 2.—

Projektionslehre. Die rechtwinklige Parallelprojektion und ihre Anwendung auf die Darstellung technischer Gebilde nebst einem Anhang über die schiefwinklige Parallelprojektion in kurzer, leicht faßlicher Behandlung für Selbstunterricht und Schulgebrauch. Von akad. Zeichenlehrer A. Schudeisky. 2. Aufl. Mit 165 Fig. (ANuG Bd. 564.) Geb. M. 2.—

Der Weg zur Zeichenkunst. Von Oberstudiendirektor Dr. Ernst Weber. 3. Aufl. Mit 84 Abb. u. 1 Farbtafel. (ANuG Bd. 430.) Geb. M. 2.—

Arithmetik und Algebra zum Selbstunterricht. Von Geh. Studienrat Prof. P. Crantz. 2 Bände. (ANuG. Bd. 120 u. 205.) I. Die Rechnungsarten. Gleichungen 1 Grades mit einer u. mehreren Unbekannten. Gleichungen 2. Grades. 8. Auflage. Mit 9 Fig. im Text. II. Gleichungen. Arithmetische und geometrische Reihen. Zinseszins- und Rentenrechnung. Komplexe Zahlen. Binomischer Lehrsatz. 6. Auflage. Mit 21 Figuren im Text. Geb. je M. 2.—

Planimetrie zum Selbstunterricht. Von weil. Geh. Studienrat Prof. P. Crantz. 3. Aufl. Mit 94 Fig. im Text. (ANuG Bd. 340.) Geb. M. 2.—

Prakt. Mathematik. Von Prof. Dr. R. Neuendorff. 2 Bände. Geb. je M. 2.—
I. Graphische Darstellung. Verkürztes Rechnen. Das Rechnen mit Tabellen. Mechanische Rechenhilfsmittel. Kaufmännisches Rechnen im täglichen Leben. Wahrscheinlichkeitsrechnung. Mit 29 Figuren im Text und 1 Tafel. 3. Aufl. (ANuG Bd. 341.) II. Geometrisches Zeichnen. Projektionslehre. Flächenmessung. Körpermessung. Mit 133 Figuren. (ANuG Bd. 526.)

Tafeln für das logarithmische und numerische Rechnen mit einer Einführung in die Logarithmen, das logarithmische Rechnen und den Gebrauch des Rechenschiebers für Mittelschulen, mittlere Fachschulen und das praktische Leben. Von Mittelschullehrer H. Martens. Kart. M. 1.20

Normschrift. M. —.40. **Rundschrift.** 3. Aufl. M. —.60. **Steilschrift.** 2. Aufl. M. —.40. Lehr- und Übungshefte für Schul- und Selbstunterricht. Von Gewerbeschulrat Dr. R. Schubert.

Holz- und Hobelbankarbeiten für den Unterricht in Knabenhandfertigkeit zur Betätigung der gewerblich arbeitenden Jugend in ihren Erholungsstunden im Elternhaus und Jugendheim. Musterblätter für Handfertigkeit aus den Werkstätten der städt. Handfertigkeitsschule zu Düsseldorf. Herausgegeben von Regierungsbaurat K. Gotter und Fach- und Gewerbelehrer J. Nicolini. 2., abg. Aufl. Mappe I: 35 Blatt, Spielzeug u. Gebrauchsgegenstände einfacher Art. M. 2.40. Mappe II: 35 Blatt, Gebrauchsgegenstände für geübtere Hände. M. 1.80

Der deutschen Jugend Handwerksbuch. Von Geh. Oberreg.-Rat Prof. Dr. L. Pallat. Bd. I. Für Anfänger. 4. Aufl. Mit zahlr. Abb. im Text. Geb. M. 5.—. Bd. II. Für Geübtere. 3. Aufl. Mit 136 Abb. im Text und auf 3 farbigen Tafeln. Kart. M. 5.—, geb. M. 6.—

Verlag von B. G. Teubner in Leipzig und Berlin

Die deutsche Sprache von heute. Von Oberstudienrat Dr. W. Fischer.
2. verb. Aufl. (ANuG Bd. 475.) Geb. M. 2.—
„Behandelt außerordentlich anregend in drei Abschnitten die Sprachentwicklung in der
Gegenwart, die Sprachrichtigkeit und das Verhältnis zwischen Sprache und Schrift."
(Die deutsche Schule.)

Deutsche Sprach- und Stillehre. Eine Anleitung zum richtigen Verständnis und Gebrauch unserer Muttersprache. Von Geh. Studienrat Dr.
O. Weise. 5., verb. Aufl. Kart. M. 2.60

Teubners kleine Sprachbücher:
I. Leçons de Français. Von Studienrat Dr. E. Madlung. Kart. M. 2.80, geb. M. 3.40.
II. Englisch (English Lessons). Von weil. Prof. Dr. O. Thiergen. 8. Aufl. Kart. M. 2.60,
geb. M. 3.20. III. Italienisch (Lezioni Italiane). Von A. Scanferlato. Teil I. 9. Aufl.
Kart. M. 2.60, geb. M. 3.40. Teil II: Ergänzungen. 4. Aufl. Kart. M. 2.60, geb. M. 3.20.
V. Deutsch für Ausländer. Von Reverend A. L. Becker. Geb. M. 2.— VI. Spanisch für Schule,
Beruf und Reise. Von Lehrer C. Dernehl. 4. Aufl. Kart. M. 2.40. VII. Portugiesisch
(Lições Portuguezas). Von Lehrer G. Eilers. Kart. M. 2.60, geb. M. 3.20. VIII. Türkisch
Von Konsul W. Padel. Geb. M. 3.20. IX. Polnisch. Für Schule, Beruf und Reise. Von Prof.
Dr. A. Brückner. Kart. M. 2.60, geb. M. 3.20. X. Lectura espanola. Von Lehrer C. Dernehl
und Studienrat Dr. H. Laudan. Geb. M. 2.20. Auch in 3 Teilen kart.: Teil I: Familia. 2. Aufl.
M. —.60. Teil II: Patria. 2. Aufl. M. —.80. Teil III: Alrededor del Mundo. M. —.50. XI. Russisch.
Von Studienrat Dr. H. Tausendfreund. [U. d. Pr. 1925.]

Abriß der Bürgerkunde und Volkswirtschaftslehre. Von Handels-
schuldirektor Dr. P. Eckardt. 6. Aufl. Kart. M. —.80
Der Abriß, in 6. Auflage in erheblich erweiterter Neubearbeitung vorliegend, gibt eine Einführung in die Grundlagen des Staats- und Wirtschaftslebens des Deutschen Reiches nach dessen
Neuordnung, ausgehend von den Erfahrungen des täglichen Lebens. Dabei werden die Be-
stimmungen der neuen Reichsverfassung überall in den Mittelpunkt gestellt. Der volkswirtschaftliche
Teil ist so ausgebaut, daß er ein knappes klares Bild der deutschen Volkswirtschaft als der Grundlage
unseres nationalen Daseins bietet, wobei besonders auf das praktische Leben Rücksicht genommen ist.

1789—1919. Eine Einführung in die Geschichte der neuesten Zeit. Von Prof.
Dr. F. Schnabel. 3. u. 4. Aufl. Mit Karten und Diagrammen. Geb. M. 5.—
Ein Bild des Werdeganges des deutschen Volkes im Rahmen der weltgeschichtlichen Entwicklung
der letzten 130 Jahre in seiner erschütternden Tragik — eindrucksvoll durch die Art der Darstellung,
die, auf jede Rhetorik verzichtend, die großen Entwicklungslinien und Zusammenhänge heraushebt.

Wie erhalte ich Körper und Geist gesund? Von Geh. Sanitätsrat Prof.
Dr. med. F. A. Schmidt. (ANuG Bd. 600.) Geb. M. 2.—
Ernährung, Hautpflege, Kleidung, Muskelübung im Sport, Hygiene der Arbeit, Krankheiten
und ihre Verhütung.

Sport. Von Generalsekretär Dr. h. c. C. Diem. Mit 1 Titelbild und 4 Spiel-
plänen. (ANuG Bd. 551.) Geb. M. 2.—
Gibt einen Überblick über die verschiedenen Zweige des Sports, ihre Regeln und Ausführung,
ein Gesamtbild von der Bedeutung der modernen Körperkultur bietend. Dem Wettkampf, dem
Training, der Hygiene, der Höchstleistung sind besondere Abschnitte gewidmet; die wichtigsten
Welt- und deutschen Rekorde sind überall verzeichnet.

Der Vorturner. Hilfsbuch für deutsches Gerätturnen in Vereinen, Ober-
klassen und Fortbildungsschulen sowie auf Volkshochschulen. Von Turninspekto-
r K. Möller. 6., erw. Aufl. Mit 140 Abb. u. 175 Übungsabschnitten. Kart. M. 3.80
Ein mit zahlreichen Abbildungen versehenes praktisches Handbuch für den Vorturner, das diesen
von dem mechanischen Ableisten seiner Pflicht fort auf den Weg zum denkenden Lehrer und Leiter führt.

Klingender Feierabend. Zum Liedersang den Lautenschlag, wie ich ihn
leicht erlernen mag. Von Dozent E. Wild. Mit zahlreichen Abbild. und Buch-
schmuck von M. Heßler. Kart. M. 1.80
Nach einer Einführung in die Geschichte und den Bau der Instrumente bietet das Büchlein in
10 Abendplaudereien einen anschaulichen Selbstunterrichtsgang des Lauten- und Gitarrespiels, der
von den einfachsten Vorkenntnissen ausgeht und bis zur Möglichkeit der selbstgefundenen Lied-
begleitung führt. Im Anhang enthält es eine Auswahl der schönsten, meistgesungenen Volksweisen mit
beigefügten Lautensätzen, die von volkskundlichen Anmerkungen eingeleitet und umrahmt werden.

Skizzier-Büchlein. Landschaftsskizzieren für Jedermann. Von F. Distler.
Mit zahlreichen Abbildungen im Text. 3. Aufl. Kart. M. —.80
Eine Anleitung zum Skizzieren nach der Natur, die zeigt, wie bei größter Vereinfachung der
Darstellungsweise feinste Wirkungen erzielt und die charakteristische Eigenart des Motivs heraus-
gebracht werden kann. Das Büchlein ist wertvoll für jeden Wanderer und Naturfreund, auch für den
nicht zeichnerisch Begabten, der sich bald eine große Fertigkeit aneignen wird. Das Zeichnen schärft
den Blick für die Schönheiten der Natur, und das von der Reise heimgebrachte „Skizzierbüchlein"
erhält am schönsten die Erinnerung wach an das Erlebnis der Wanderung in Gottes freier Natur.